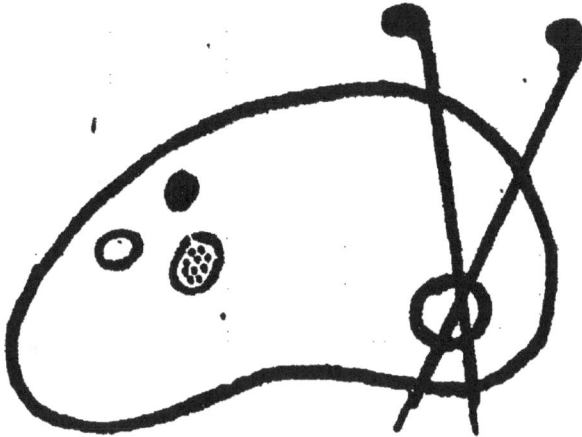

Couvertures supérieure et inférieure
en couleur

PETITE ENCYCLOPÉDIE POPULAIRE
PAR AMÉDÉE GUILLEMIN

LE MAGNÉTISME

ET

L'ÉLECTRICITÉ

II

Phénomènes électro-magnétiques
Éclairage électrique
Applications diverses, etc.

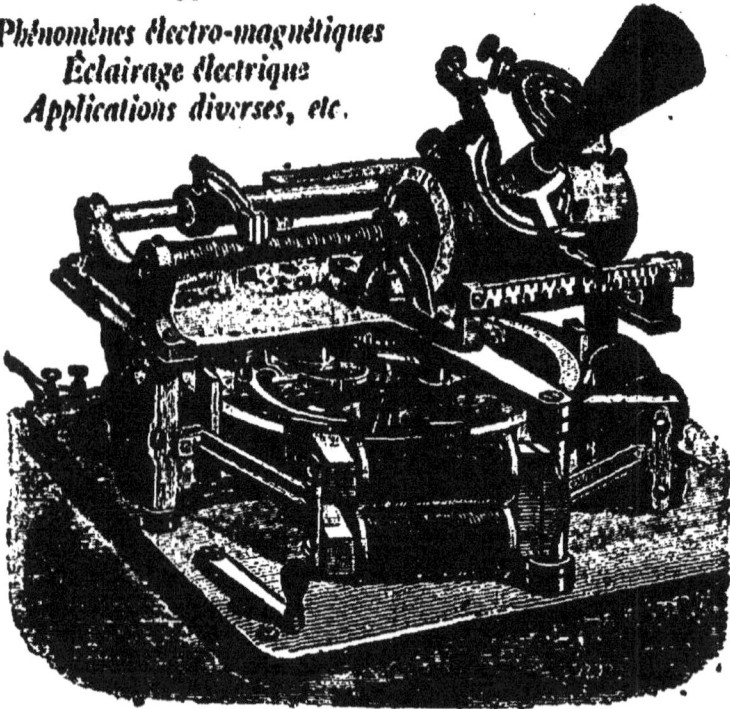

PARIS

LIBRAIRIE HACHETTE ET Cⁱᵉ

79, BOULEVARD SAINT-GERMAIN, 79

—

1890

LITTÉRATURE POPULAIRE
ÉDITION A 1 FRANC 25 C. LE VOLUME, FORMAT IN-18

Agassiz (M. et Mme). *Voyage au Brésil.*

Aunet (Mme Léonie d'). *Voyage d'une femme au Spitzberg.* 1 vol.

Badin (Ad.). *Duguay-Trouin.* 1 vol.

— *Jean-Bart.* 1 vol.

Baines (Th.) *Voyage dans le sud-ouest de l'Afrique.* 1 vol.

Baker (S.-W.). *Le lac Albert.* 1 vol.

Baldwin. *Du Natal au Zambèze, 1851-1800.*

Barrau (Th.-H.). *Conseils aux ouvriers.*

Bernard (Fréd.). *Vie d'Oberlin.* 1 vol.

Bonnechose (E. de). *Bertrand du Guesclin.* 1 vol.

— *Lazare Hoche.* 1 vol.

Bourde. *Le patriote.* 1 vol.

Burton (le capitaine). *Voyages à la Mecque.*

Calemard de la Fayette. *Peau-de-Bique ou la Prime d'honneur.* 1 vol.

— *L'agriculture progressive.* 1 vol.

Carraud (Mme). *Une servante d'autrefois.*

— *Les veillées de maître Patrigeon.* 1 vol.

Charton (Ed.). *Histoire de trois enfants pauvres.* 1 vol.

Corne (H.). *Le cardinal Mazarin.* 1 vol.

— *Le cardinal de Richelieu.* 1 vol.

Corneille (Pierre). *Chefs-d'œuvre.* 1 vol.

Dehorypen (Martial). *La boutique de la marchande de poissons.* 1 vol.

— *La boutique du charbonnier.* 1 vol.

Duval (Jules). *Notre pays.* 1 vol.

Ernoul (baron). *Histoire de trois ouvriers*

— *Deux inventeurs célèbres.* 1 vol.

— *Denis Papin.* 1 vol.

— *Les inventeurs du gaz et de la photographie.* 1 vol.

— *Pierre Latour du Moulin.* 1 vol.

— *Histoire de quatre inventeurs français.*

Flammarion *Petite astronomie descriptive.* 1 vol.

Fonvielle (W. de). *Le glaçon du Polaris.* 1 vol.

— *Les drames de la science.* 2 vol.

— *La mesure du mètre.* 1 vol.

— *La pose du premier câble.* 1 vol.

Franck (A.). *Morale pour tous.* 1 vol.

Franklin. *Œuvres.* Trad. Laboulaye. 5 vol.

Gapp et Ducoudray. *Le patriotisme en France.* 1 vol.

Guillemin (Amédée). *Petite encyclopédie populaire,* illustrée. 12 vol.

— *La lune.* 1 vol.

— *Le soleil.* 1 vol.

— *La lumière.* 1 vol.

— *Le son.* 1 vol.

— *Les étoiles.* 1 vol.

— *Les nébuleuses.* 1 vol.

— *Les comètes.* 1 vol.

— *Le feu souterrain.* 1 vol.

— *Le télégraphe et le téléphone.* 1 vol.

— *Le beau et le mauvais temps.* 1 vol.

Guillemin (Amédée). *Les météores électriques et optiques.* 1 vol.

— *Les machines à vapeur et à gaz.* 1 v.

Hauréau (H.). *Charlemagne et sa cour.* 1 v.

Hayes (D' I.-I.). *La mer libre du pôle.* 1 v.

Homère. *Les beautés de l'Iliade et de l'Odyssée.* 1 vol.

Joinville (le sire de). *Histoire de saint Louis.* 1 vol.

Jonveaux (Emile). *Histoire de quatre ouvriers anglais.* 1 vol.

— *Histoire de trois potiers célèbres.* 1 vol.

Jouault. *Abraham Lincoln.* 1 vol.

— *George Washington.* 1 vol.

Labouchère (Alf.). *Oberkampf.* 1 vol.

Lacombe (P.). *Petite histoire du peuple français.* 1 vol.

La Fontaine. *Fables.* 1 vol.

Lanoye (Fr. de). *Le Nil.* 1 vol.

Le Loyal Serviteur. *Histoire du gentil seigneur de Bayard.* 1 vol.

Lescure (de). *Vie de Henri IV.* 1 vol.

Livingstone. (Charles et David). *Explorations dans l'Afrique centrale.* 1 vol.

— *Dernier Journal.* 1 vol.

Mage (E.). *Voyage dans le Soudan occidental.* 1 vol. avec une carte.

Meunier (Mme H.). *Entretiens familiers sur l'hygiène.* 1 vol.

— *Entretiens sur la Botanique.* 1 vol.

Milton (lo V") et le D' W-B. Chealdo. *Voyage de l'Atlantique au Pacifique.* 1 v.

Molière. *Chefs-d'œuvre.* 8 vol.

Mouhot. *Voyage à Siam, dans le Cambodge et le Laos.* 1 vol.

Müller (Eug.). *La boutique du marchand de nouveautés.* 1 vol.

— *La machine à vapeur.* 1 vol.

Palgrave (W.-G.). *Une année dans l'Arabie centrale.* 1 vol. avec carte.

Passy *Les machines.* 1 vol.

Pfeiffer (Mme Ida). *Voyage autour du monde.* 1 vol.

Piotrowski (R.). *Souvenirs d'un Sibérien.*

Racine (Jean). *Chefs-d'œuvre.* 1 vol.

Rambaud. *Histoire de la Révolution française.* 1 vol.

Reclus (E.). *Les phénomènes terrestres.*
I. *Les continents.* 1 vol.
II. *Les mers et les météores.* 1 vol.

Rendu (Victor). *Principes d'agriculture.* 2 vol.

— *Mœurs pittoresques des insectes.* 1 vol.

Schweinfurth (D'). *Au cœur de l'Afrique.*

Shakspeare. *Chefs-d'œuvre.* 3 vol.

Speke. *Les sources du Nil.* 1 vol.

Stanley. *Comment j'ai retrouvé Livingstone.* 1 vol.

Vambéry (Arminius). *Voyage d'un faux derviche dans l'Asie centrale.* 1 vol.

Wallon (de l'Institut). *Jeanne d'Arc.* 1 vol.

Coulommiers. — Imp. P. Brodard et Gallois 3-90.

PETITE

ENCYCLOPÉDIE POPULAIRE

DES SCIENCES

ET DE LEURS APPLICATIONS

LE MAGNÉTISME ET L'ÉLECTRICITÉ

II

PHÉNOMÈNES ÉLECTRO-MAGNÉTIQUES
ÉCLAIRAGE ÉLECTRIQUE, APPLICATIONS DIVERSES

PETITE ENCYCLOPÉDIE POPULAIRE

DES SCIENCES ET DE LEURS APPLICATIONS

Par Amédée GUILLEMIN

15 vol. contenant un grand nombre de figures.
Prix de chaque volume : broché, 1 fr. 25 ;
cartonné percaline, 1 fr. 75.

EN VENTE :

EN PRÉPARATION :

Coulommiers. — Imp. P. Brodard et Gallois.

LE MAGNÉTISME

ET

L'ÉLECTRICITÉ

II

PHÉNOMÈNES ÉLECTRO-MAGNÉTIQUES
ÉCLAIRAGE ÉLECTRIQUE, APPLICATIONS DIVERSES

OUVRAGE

ILLUSTRÉ DE 122 FIGURES

PARIS

LIBRAIRIE HACHETTE ET Cie

79, BOULEVARD SAINT-GERMAIN, 79

1890

LE MAGNÉTISME

ET

L'ÉLECTRICITÉ

TROISIÈME PARTIE

L'ÉLECTRO-MAGNÉTISME

CHAPITRE I

AIMANTS ET COURANTS

I

Action des courants sur l'aiguille aimantée.

Les découvertes les plus fécondes ont eu le plus souvent une bien humble origine : le fait nouveau qui leur a donné naissance fût resté méconnu, eût passé inaperçu, sans le coup d'œil de l'homme de génie qui, du premier abord, a su en apprécier l'importance. L'histoire de la science abonde en témoignages de cette vérité. Un simple fait, tel que le soulèvement du couvercle d'une marmite pleine d'eau bouillante, que des centaines de générations avaient pu observer, suggère à Denis Papin l'idée d'utiliser la vapeur d'eau comme force motrice; Gilbert fait sortir la science électrique de l'unique phénomène de l'attraction que l'ambre frotté exerce sur les corps légers; une expérience imprévue fait trouver la bouteille de Leyde; Galvani étudie la cause de la contraction des muscles d'une grenouille; Volta s'empare de ce fait et il invente la pile, le plus merveilleux appareil qui ait été imaginé depuis Papin et Watt.

Enfin, vingt ans à peine s'étaient écoulés depuis l'invention de la pile, quand un fait nouveau, il est vrai d'une importance capitale, mis au jour par un savant danois, donna lieu à toute une série d'observations des plus curieuses, dont l'importance sera immédiatement saisie, si l'on songe qu'elles ont révélé le lien qui unit la science de l'électricité à celle du magnétisme, créant ainsi toute une branche nouvelle de la physique, l'*électro-magnétisme*.

C'est en 1820, en effet, qu'Œrsted, physicien danois, professeur à l'Université de Copenhague, reconnut que le courant électrique agit sur l'aiguille aimantée. Depuis longtemps on soupçonnait l'existence d'une relation entre les phénomènes magnétiques et ceux de l'électricité; on avait remarqué, et nous avons signalé ces faits dans notre premier volume, les perturbations éprouvées par la boussole sur les navires que frappe la foudre ou dont les mâts présentent le phénomène électrique connu sous le nom de feu Saint-Elme; on savait enfin que les décharges des batteries agitent les aiguilles aimantées placées dans le voisinage des appareils. Mais tout cela ne donnait que de vagues idées sur la corrélation dont il s'agit.

En 1820, l'année même où Œrsted fit sa découverte, Ampère étudia et formula les lois de cette action, et montra en outre que les courants agissent eux-mêmes sur les courants. Puis vint Arago, qui découvrit l'aimantation du fer doux et celle de l'acier sous l'influence du courant de la pile. Les expériences de ces trois savants furent autant de points de départ

d'une multitude d'expériences nouvelles, qui chan-
gèrent en peu de temps la face de cette partie de la
science, et dont le génie d'Ampère sut tirer cette
conséquence, que le magnétisme et l'électricité sont
des manifestations diverses d'une même cause, d'un
même agent physique. Nous verrons plus tard que
les mêmes découvertes qui ont révélé la véritable
nature du magnétisme et fait faire à la théorie tant
de progrès, n'ont pas été moins fécondes en applications ingénieuses et utiles.

Revenons à l'expérience d'Œrsted.

Considérons une aiguille aimantée suspendue sur
un pivot, et mobile dans un plan horizontal. Nous

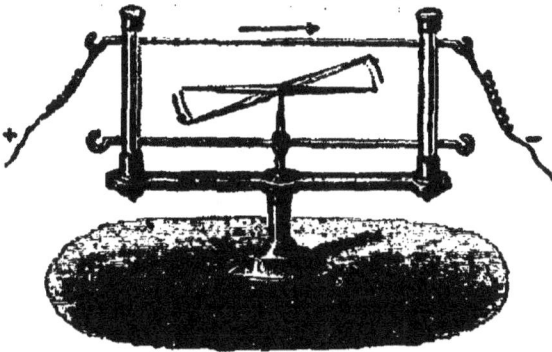

Fig. 1. — Action d'un courant électrique sur l'aiguille aimantée.

savons qu'elle se place alors d'elle-même dans le
méridien magnétique, faisant un angle constant avec
la ligne méridienne géographique Nord-Sud. Plaçons
parallèlement à l'aiguille, et à une petite distance au-
dessus, un fil métallique dont les extrémités sont
reliées aux rhéophores d'une pile. Aussitôt que le
courant passe, l'aiguille est déviée de sa position;
elle quitte le méridien magnétique et se met en croix
avec le courant. Au lieu de placer le fil au dessus de
l'aiguille aimantée, supposons qu'on le place à la

même distance au-dessous : l'aiguille se retourne
bout à bout, se plaçant de nouveau en croix avec le
courant. Répétons les deux mêmes expériences en
changeant le sens du courant voltaïque : s'il allait
d'abord du sud au nord, faisons-le marcher du nord
au sud. L'aiguille dévie encore et, comme précé-
demment, se place en croix avec le courant, mais
dans des directions précisément opposées à celles
qu'elle avait prises sous l'influence du courant direct.

Enfin si, au lieu de disposer le fil parallèlement à
l'aiguille, on le place perpendiculairement à sa direction, en face de l'un ou de l'autre pôle, on la verra
subir encore les mêmes déviations, correspondant aux
quatre dispositions nouvelles que l'on peut donner au
courant voltaïque : de haut en bas, de bas en haut, et
en face soit du pôle austral, soit du pôle boréal de
l'aiguille.

Telles sont les expériences d'Œrsted. Elles prouvent de la façon la plus claire l'influence du courant
électrique sur la force magnétique qui dirige l'aiguille
aimantée : une série de déviations accompagne spontanément le passage du courant.

Voici maintenant comment Ampère parvint à formuler en un énoncé unique la loi de ces déviations. Il
conçut l'idée ingénieuse de personnifier le courant, de
le figurer par un personnage couché le long du fil, et
dont la face est, dans toutes les positions possibles,
toujours tournée vers le centre de l'aiguille. Le courant qui marche, comme on sait, du pôle positif de
la pile au pôle négatif à travers le fil, est supposé
entrer par les pieds du personnage et sortir par sa
tête. Cela posé, le courant se trouve avoir une droite
et une gauche, qui sont celles du personnage lui-
même; alors, voici l'énoncé simple par lequel Ampère
a réuni tous les cas différents que fournit l'expérience d'Œrsted :

Quand un courant électrique agit sur l'aiguille aimantée, le pôle austral de l'aiguille — c'est toujours, comme on sait, celui qui se dirige vers le nord — est dévié vers la gauche du courant.

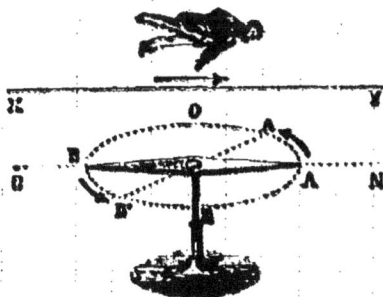

Fig. 2. — Déviation du pôle austral vers la gauche, sous l'influence d'un courant supérieur.

Ainsi le courant marche-t-il parallèlement à l'aiguille et du sud au nord, c'est le cas des deux figures 2 et 3. Dans le cas du courant supérieur, le pôle austral A est dévié en A' à gauche du courant,

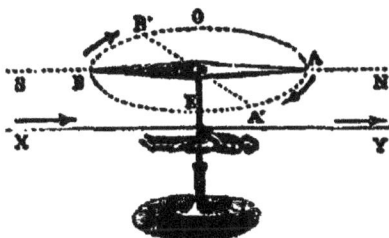

Fig. 3. — Déviation à gauche du courant. Courant inférieur.

c'est-à-dire vers l'ouest; si le courant passe au-dessous de l'aiguille, c'est toujours en A' à la gauche du courant que dévie le pôle austral A, mais alors ce pôle marche vers l'est. Change-t-on la direction du courant sans qu'il cesse d'être parallèle à l'aiguille, c'est-à-dire le fait-on marcher du nord au sud, c'est à l'est que déviera le pôle austral dans le cas du courant supérieur, à l'ouest dans le cas du courant placé

au-dessous de l'aiguille. Enfin, quand le courant est
vertical, il peut être ascendant ou descendant, et disposé soit vis-à-vis du pôle boréal de l'aiguille, soit
vis-à-vis de son pôle austral. Dans le cas que représente la figure 4, on voit le pôle austral dévier
à l'est, c'est-à-dire à la gauche du courant. Nous
laissons au lecteur le soin de trouver le sens de la
déviation de l'aiguille dans les autres cas : c'est
chose facile, grâce à l'énoncé d'Ampère.

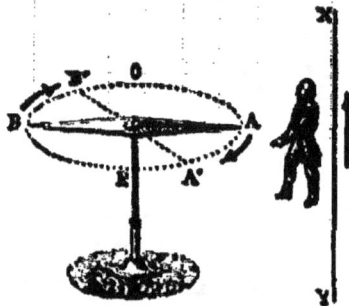

Fig. 4. — Déviation à gauche du courant. Courant vertical.

Les lois qui régissent ces déviations ont été étudiées
par Biot et Savart, et par Laplace : retenons seulement
ce fait, que l'influence du courant dépend de son intensité, et, par suite, de la surface des couples de la
pile employée; il diminue à mesure que la distance
à l'aiguille augmente : *L'intensité de la force électro-
magnétique est en raison inverse de la simple distance.*

Il ne faut pas oublier qu'en présence d'un courant
voltaïque l'aiguille se trouve soumise à la fois à deux
influences, celle du courant lui-même et celle de la
Terre, qui agit sur l'aiguille comme un aimant. Les
déviations observées sont donc un effet résultant de
ces deux actions simultanées. Si, par un moyen quelconque, on parvient à rendre la direction d'une aiguille
aimantée indépendante de l'action de la Terre — c'est
alors ce qu'on nomme une aiguille *astatique*, — le

courant dévie toujours l'aiguille à angle droit, quelle que soit son intensité. La déviation indique alors seulement la présence du courant, sans prouver rien sur son énergie.

Voyons maintenant comment on a utilisé l'action des courants électriques sur l'aiguille aimantée, pour construire des appareils qui servent à la fois et à constater la présence des courants les plus faibles et à mesurer leur intensité.

II

Mesure de l'intensité des courants. Galvanomètres.

Ampère eut le premier l'idée de faire servir la découverte d'Œrsted à la mesure de l'intensité des courants; mais c'est à Schweigger qu'est due l'invention de l'appareil sur lequel est basée la construction des galvanomètres et la pensée heureuse de multiplier l'action de l'électricité sur l'aiguille aimantée, de façon à déceler l'existence du courant le plus faible.

Le multiplicateur de Schweigger consiste en un cadre de bois sur lequel un fil de cuivre s'enroule

Fig. 5. — Multiplicateur de Schweigger.

un grand nombre de fois. Le fil métallique est recouvert dans toute sa longueur d'une substance isolante, gutta-percha, soie, coton, de sorte qu'un courant électrique, entrant par l'une des extrémités du fil et sortant par l'autre, ne peut passer d'une spire à la suivante sans en avoir parcouru toute l'étendue; en un mot, il est obligé de parcourir toutes les spires successives. Si l'on place le cadre verticalement sur un des côtés, dans le plan du méridien magnétique, et que l'on dispose à l'intérieur une aiguille aimantée librement suspendue sur un pivot vertical, on aura un instrument très propre à accuser, par les déviations de l'aiguille, l'existence d'un courant électrique

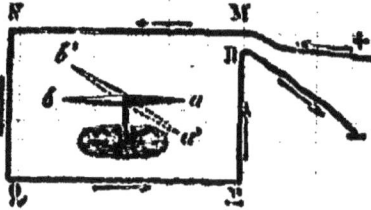

Fig. 6. — Actions concourantes des diverses portions du fil dans le multiplicateur.

si faible qu'il soit. Il suffira pour cela de rattacher les extrémités du fil multiplicateur aux deux rhéophores de la pile ou de tout autre circuit voltaïque. Dès que le circuit sera fermé, la présence du courant se manifestera par une déviation plus ou moins forte de l'aiguille.

Analysons maintenant ce qui se passe et voyons comment l'action du courant se trouve multipliée par la disposition que nous venons de décrire. Considérons (fig. 6) un des tours du fil autour du cadre : le courant passe de M en N, puis en Q, en P, et à partir de R s'éloigne de l'aiguille. Or, si l'on se reporte à l'énoncé d'Ampère, on verra que chacune des quatre portions du courant tend à dévier le pôle austral *a* en *a'*, vers l'est par conséquent, ou, si l'on veut, en avant de la figure; chacune d'elles agit comme un courant isolé, comme une portion de courant indéfini, voisine de l'aiguille. La déviation totale sera donc plus forte que si le courant ne faisait que

suivre l'un des côtés du rectangle. Or, à la spire
suivante, le courant agit de nouveau de la même
manière, et il en est de même pour toutes les spires
successives, de sorte que son influence sur l'aiguille
aimantée se trouve multipliée par le nombre des tours
du fil. De là le nom de *multiplicateur* donné à l'instrument. Toutefois la multiplication du nombre des
tours ne peut être indéfinie, de sorte que la sensibilité de l'appareil est nécessairement limitée. En effet,
à mesure que cette augmentation a lieu, le fil que
doit parcourir le courant croît en longueur, et en
même temps croît la résistance opposée au circuit
par le fil. Plus les courants qu'il s'agit de mesurer
sont faibles, moins le nombre des spires doit être
grand. Ce n'est que pour des courants d'une grande
intensité que ce nombre peut être augmenté sans
inconvénient.

L'aiguille aimantée est ici, comme nous l'avons
déjà dit, soumise à deux forces, l'action directrice de
la Terre, en vertu de laquelle
elle se place dans le méridien
magnétique, et l'action du
courant, qui tend à lui faire
prendre une position perpendiculaire à la première. La déviation de l'aiguille est produite par la résultante de ces
deux actions. Pour rendre

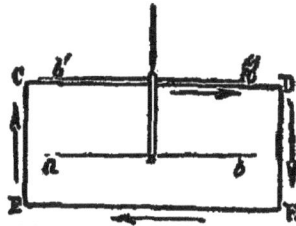

Fig. 7. — Système de deux
aiguilles astatiques.

cette déviation plus forte, et donner une sensibilité
plus grande au multiplicateur, Nobili a eu l'idée de
substituer à l'aiguille aimantée un système de deux
aiguilles aimantées parallèles ab, $a'b'$, mais fixées à
un même axe, de façon que leurs pôles de même
nom soient placés en sens inverse (fig. 7). L'axe étant
suspendu à un fil de soie sans torsion, si les aiguilles
ont la même force magnétique, leur système sera

astatique, c'est-à-dire restera en équilibre quel que
soit l'angle qu'il fasse avec le méridien. Toutefois un
système rigoureusement astatique ne remplirait pas
le but qu'on se propose, qui est de mesurer l'intensité
des courants par la déviation, puisque alors la déviation, comme nous l'avons déjà dit, atteindrait toujours
le maximum de 90°, quelle que soit la faiblesse du
courant. Mais si l'une des aiguilles, l'inférieure par
exemple, est un peu plus aimantée que la supérieure,
le système continuera à être influencé par la Terre;
cette action sera d'ailleurs très faible, et dès lors
l'action des courants, par l'intermédiaire du multiplicateur, sera au contraire considérable, si les aiguilles
du système sont elles-mêmes très fortement aimantées.

L'introduction des aiguilles compensées dans le
multiplicateur de Schweigger a conduit Nobili à la
construction du *rhéomètre* ou *galvanomètre*, l'appareil
le plus sensible pour la constatation de l'existence et
du sens des courants électriques les plus faibles. Voici
comment est disposé cet instrument (fig. 8) et comment on s'en sert :

Le cadre en ivoire autour duquel s'enroule le fil
multiplicateur porte au-dessus de lui un cadran divisé
dont le centre coïncide avec le fil de soie de cocon
qui porte le système des deux aiguilles. Ce cadre
peut se mouvoir dans un plan horizontal, à l'aide
d'une vis extérieure. On commence par l'amener
dans le plan du méridien magnétique, et l'on recon-
naît qu'il est dans ce plan quand le zéro de la graduation du cadran correspond à l'une des extrémités
de l'aiguille. Alors on est sûr que les spires du fil de
cuivre sont parallèles aux deux aiguilles du système.
Dans son mouvement, le cadre a entraîné une lame
rectangulaire d'ivoire qui porte deux boutons de
laiton, à chacun desquels aboutit l'une des extrémités
du fil du multiplicateur. C'est à ces boutons qu'on

attache les rhéophores du courant dont on cherche à constater le sens et l'intensité. Dès que le circuit est fermé, et que dès lors le courant parcourt les spires, on voit l'aiguille supérieure dévier à droite ou à

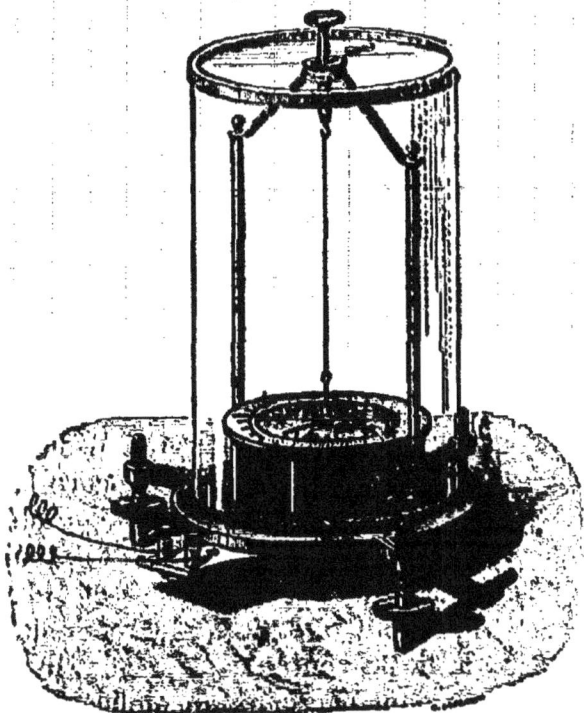

Fig. 8. — Galvanomètre.

gauche de sa position d'équilibre; le sens de cette déviation indique, d'après la loi d'Ampère, le sens du courant. L'appareil est muni de vis calantes, afin qu'on puisse le placer bien horizontalement, et une cloche de verre sert à protéger le fil suspenseur et les aiguilles elles-mêmes contre les agitations de l'air extérieur.

Quant à l'intensité du courant, elle dépend de l'angle que fait l'aiguille avec le méridien magnétique, c'est-à-dire de l'arc parcouru par l'une de ses extrémités à partir du zéro de la graduation. On a reconnu que, si la déviation ne dépasse pas 20°, elle est sensiblement proportionnelle à l'intensité du courant. Lorsque cette déviation dépasse 20°, la proportion dont nous parlons n'existe plus, et, pour continuer à se servir du galvanomètre, il faut construire une table qui donne, pour chaque division, la valeur de l'intensité du courant produisant la déviation observée. La construction de la table en question, qui doit être faite spécialement pour chaque instrument, peut être obtenue à l'aide de divers procédés.

La méthode de graduation la plus simple est celle qui consiste à intercaler, dans le circuit des courants à mesurer, le galvanomètre lui-même et un autre appareil donnant exactement l'intensité. Cet appareil, que nous allons maintenant décrire, et qui est employé surtout quand il s'agit de mesurer des courants intenses, est la *boussole des sinus*, ou encore la *boussole des tangentes*. Ces deux rhéomètres ont été imaginés par Pouillet, et la description qui suit est empruntée à leur auteur. « La *boussole des tangentes* se compose, dit-il, d'un grand cercle de métal destiné à recevoir le courant; pour cela, il se termine inférieurement par deux appendices qui sont mis en communication avec les deux pôles de la pile au moyen de deux godets pleins de mercure. Ce cercle se place dans le plan du méridien magnétique; son centre coïncide avec celui d'une aiguille aimantée courte et épaisse, suspendue par des fils sans torsion et qui porte perpendiculairement un index assez long pour parcourir les divisions du cercle horizontal qui doit marquer les déviations. Aussitôt que le courant passe dans le cercle vertical, l'aiguille est déviée d'autant plus que le courant est plus intense; et il est facile de démontrer que les intensités des courants sont précisément proportionnelles aux *tan-*

gentes des déviations qu'ils produisent. Il suffit donc de bien observer sur le cercle horizontal les nouvelles positions d'équilibre que prend l'aiguille aimantée sous l'influence de divers courants.

« La source électrique restant la même, on change les longueurs du circuit en y introduisant successivement une série de fils pareils, ayant seulement des longueurs différentes; ces fils, recouverts de soie, sont repliés sur eux-mêmes et enveloppés extérieurement, pour être bien conservés dans le même état. Les longueurs sont 5, 10, 40, 70 et 100 mètres. Par là, on fait agir la même source électrique dans des circuits de longueur différente, on détermine les déviations, et par suite les intensités correspondantes.

« La boussole des sinus est un appareil analogue, mais disposé de telle sorte que les intensités du courant sont précisément proportionnelles aux *sinus des déviations*. »

Sir W. Thomson a construit un *galvanomètre à réflexion*, dont nous allons indiquer le principe. La figure 9 représente une coupe du multiplicateur ou de la bobine, au centre de laquelle est suspendue l'aiguille aimantée. Cette aiguille très courte (elle a habituellement 3 millimètres de longueur) est collée derrière un petit miroir circulaire, et le tout, dont le poids est de 65 milligrammes, est suspendu par un simple fil de cocon, et renfermé avec la bobine dans un cylindre de laiton D (fig. 10). Deux bornes fixées à l'une des faces de ce cylindre servent à attacher les extrémités des fils du courant. Les oscillations de

Fig. 9. — Coupe du galvanomètre à réflexion de Thomson.

l'aiguille aimantée, déviée par le passage du courant,
s'observent de la façon suivante : A l'intérieur d'une
boîte fermée de trois côtés est disposée une règle
horizontale divisée, dont le zéro porte une petite ouverture par laquelle pénètre la lumière d'une lampe.

Fig. 10. — Galvanomètre à réflexion de Thomson.

Le faisceau lumineux R pénètre à travers l'ouverture
centrale du cylindre du galvanomètre posé en face
de la boîte; il vient frapper le miroir de l'aiguille
aimantée et se réfléchit suivant R' au zéro même de
l'échelle, quand l'aiguille ne subit pas de déviation.
Aussitôt que le courant passe, l'aiguille et le miroir
dévient; le faisceau lumineux réfléchi se porte à droite
ou à gauche du zéro de l'échelle, selon le sens de la
déviation dont l'amplitude se lit sur les divisions
mêmes. On voit au-dessus du cylindre du galvanomètre Thomson une tige verticale portant un grand

aimant courbe E, faiblement aimanté. Cet aimant
tourne à frottement dur autour de la tige; il peut
aussi glisser dans le sens vertical. L'objet de cette
disposition est d'éviter d'avoir à placer toujours l'appareil dans le méridien magnétique, l'aimant courbe
constituant un méridien magnétique artificiel, dont
la force directrice contre-balance celle de la Terre.
On dispose les pôles de cet aimant en sens contraire
des pôles terrestres; on cherche le point de la tige
où la neutralisation est complète, puis on soulève un
peu l'aimant pour conserver une faible force directrice, suffisante pour ramener l'aiguille au zéro dans
le méridien magnétique. On construit aussi des galvanomètres Thomson à forme astatique, qu'on emploie avec des multiplicateurs à long fil. Il y a alors
pour chaque aiguille une bobine de fil, et le courant
passe en sens contraire dans les deux bobines.

III

Action des aimants sur les courants.

Nous venons de voir quelle est l'action des courants
voltaïques sur l'aiguille aimantée, et comment cette
influence a été utilisée pour construire divers instruments de mesure de l'intensité des courants, parmi
lesquels deux appareils d'une sensibilité extrême, propres à faire connaître le sens et l'intensité d'un courant quelconque. Disons maintenant que les aimants
ont sur les courants une influence égale à celle qu'ils
subissent eux-mêmes, mais de sens opposé. Ainsi,
quand on place un fort barreau aimanté AB dans une
position horizontale au-dessous ou au-dessus d'un fil
métallique formant un circuit voltaïque (fig. 11), et
libre de tourner autour des points de suspension, on

voit aussitôt le fil se diriger en croix avec le courant, de manière que le pôle austral du barreau se trouve toujours à la gauche de la portion du courant qui en est le plus rapprochée. Qu'on vienne à changer le sens du courant, par l'interversion des rhéophores qui aboutissent aux deux extrémités du fil, à l'instant

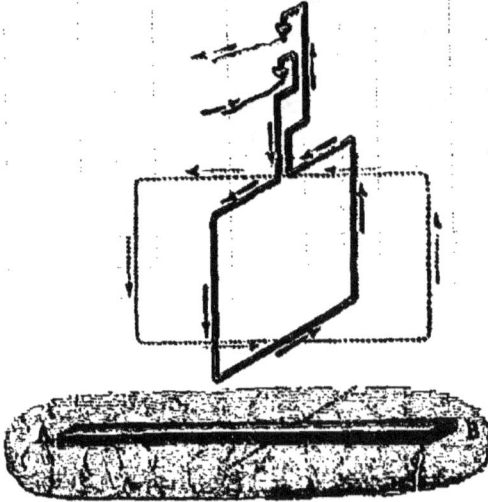

Fig. 11. — Action d'un aimant sur un courant.

le courant fait sur lui-même une rotation de 180°, laquelle amène son plan dans une position perpendiculaire au barreau aimanté : le pôle austral de ce dernier est donc encore, d'après l'énoncé d'Ampère, à la gauche du courant.

Ainsi l'expérience vérifie ce qu'on pouvait prévoir en s'appuyant sur le seul principe de l'égalité de l'action ou de la réaction. La difficulté était ici de rendre le courant mobile sans interrompre sa continuité, et c'est à quoi est parvenu Ampère, grâce à l'ingénieuse disposition qu'il a imaginée et dont il a fait l'application, en la variant de toutes les manières, à d'innombrables expériences sur les actions réciproques des courants et des aimants.

Cette disposition est représentée dans la figure 12. Deux colonnes métalliques sont fixées verticalement sur un plateau, où viennent aboutir les rhéophores + et — de la pile qui fournit le courant. Elles sont surmontées de deux bras horizontaux portant à leurs extrémités deux cupules x, y, contenant chacune une gouttelette de mercure. Le fil conducteur, contourné

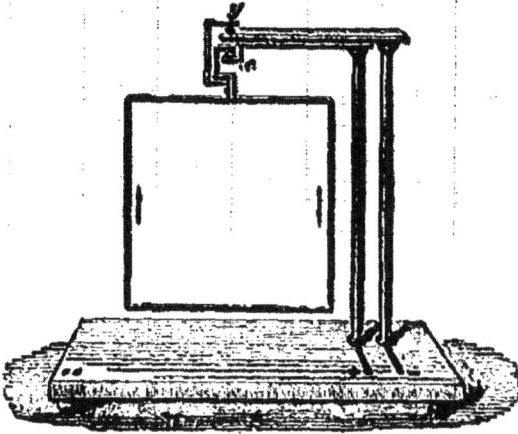

Fig. 12. — Équipage mobile d'Ampère pour l'étude des phénomènes électro-magnétiques.

en rectangle ou en toute autre forme selon l'expérience à faire, se termine par un double coude et par deux pointes qu'on plonge dans les godets, de sorte que ces pointes sont à la fois sur le prolongement l'une de l'autre et dans la verticale du centre de gravité du conducteur.

Ce dernier est donc mobile; son plan peut tourner dans les deux sens autour de la verticale et s'orienter d'une façon quelconque, selon les conditions d'équilibre que comportent les actions électro-magnétiques qu'il s'agit d'étudier. C'est cette disposition qui a servi pour l'expérience qu'on vient de décrire.

Peu de temps après la découverte des premiers phénomènes électro-magnétiques, Faraday fit une expérience dans laquelle l'action d'un aimant déterminait un mouvement continu de rotation d'un courant. Un cercle de cuivre D D (fig. 13), supporté par deux branches verticales du même métal, formait un équipage pouvant tourner autour d'une colonnette de cuivre que surmontait un godet contenant une goutte de mercure. L'anneau de cuivre baignait dans l'eau acidulée remplissant un vase de zinc en forme de

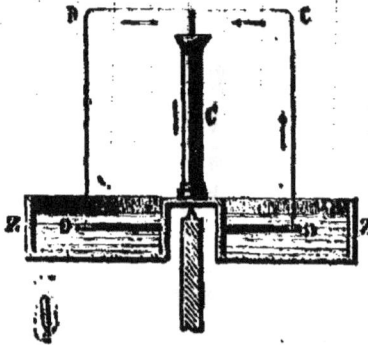

Fig. 13. — Expérience de Faraday. Rotation d'un courant par un aimant.

couronne. L'action de l'acide sur le zinc produisait un courant qui circulait de l'anneau de cuivre au zinc par la colonnette verticale et qui, dès lors, était ascendant dans les deux branches du conducteur. En présentant alors le pôle A d'un aimant au-dessous du plateau de zinc, dans l'ouverture annulaire centrale, on voyait l'équipage prendre un mouvement de rotation continu, dont le sens changeait si l'on retournait l'aimant en présentant son autre pôle.

On doit à Ampère l'expérience inverse, celle du mouvement de rotation d'un aimant sous l'influence d'un courant ; la figure 14 montre comment l'illustre physicien produisait cette rotation. Dans une éprouvette en verre, remplie de mercure, il faisait flotter un aimant cylindrique, maintenu vertical par un contrepoids en platine, vissé au-dessous de lui. La base

supérieure de l'aimant était creusée en godet; on y
versait un peu de mercure où venait plonger la
pointe d'un conducteur vertical en communication
avec l'un des pôles de la pile. L'autre pôle est mis en
relation par un fil avec le mercure de l'éprouvette.
Dès que le courant passe, on voit l'aimant tourner

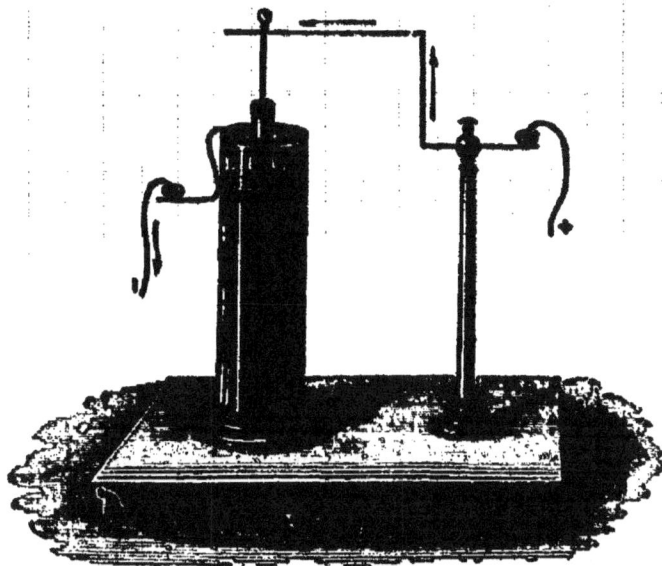

Fig. 14. — Expérience d'Ampère sur la rotation d'un aimant par un courant.

autour de son axe. Le sens du mouvement dépend de
celui du courant et change avec lui; il dépend de
même de la nature du pôle en présence. Dans le cas
où le courant arrive par la pointe du fil, si le pôle en
présence est le pôle austral, la rotation a lieu en sens
contraire des aiguilles d'une montre, c'est-à-dire de
l'est à l'ouest en passant par le nord.

A l'aide de l'appareil d'Ampère, Faraday a trouvé
le moyen de produire un autre genre de mouvement
de rotation. Au lieu de faire arriver la tige conductrice dans la cavité supérieure creusée dans l'extrémité polaire de l'aimant, il la fit plonger dans le mer-

oure du tube de verre. L'aimant, dans ce cas, tourne autour de la tige.

L'explication de ces phénomènes est facile, si l'on admet la théorie de la constitution des aimants, telle que l'a formulée Ampère, et dont nous donnerons bientôt l'exposé. Pour le moment, nous allons continuer de décrire les intéressants phénomènes découverts par ce grand physicien, et qui ont pour objet l'influence réciproque des courants voltaïques les uns sur les autres.

IV

Action des courants sur les courants.

Quand on met en présence deux courants ou deux portions de courant, on peut avoir à considérer soit le sens dans lequel circule chacun d'eux, soit la forme ou l'étendue des portions des conducteurs qui agissent les uns sur les autres, soit enfin la position relative des éléments de courants considérés. Les cas particuliers assez nombreux qui se présentent ainsi, et dont l'étude ferme la branche de la science à laquelle on donne le nom d'ÉLECTRO-DYNAMIQUE, sont régis par des lois simples, qu'Ampère a ramenées aux formules suivantes :

1° *Deux courants parallèles qui marchent dans la même direction, s'attirent; ils se repoussent, s'ils marchent en sens contraires.*

2° *Deux courants non parallèles s'attirent, si tous deux s'approchent ou s'éloignent à la fois du sommet de l'angle formé par leurs directions; ils se repoussent, si l'un des courants s'approche du sommet de l'angle, tandis que l'autre s'en éloigne.*

3° *Un courant sinueux agit sur un autre courant de*

la même manière qu'un courant rectiligne qui aboutit aux mêmes extrémités.

La figure 15 représente sous forme de diagramme

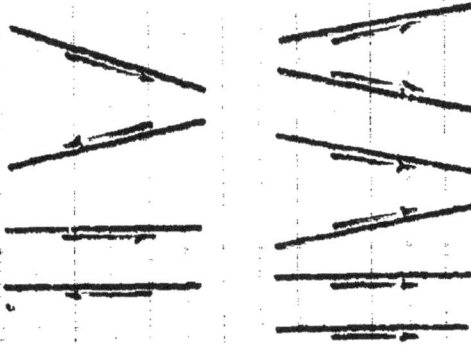

Fig. 15. — Loi des attractions et répulsions d'un courant par un courant.

les trois cas d'attraction et les deux cas de répulsion que mentionnent ces lois. Donnons quelques exem-

Fig. 16. — Attraction des courants parallèles de même sens.

ples de la façon dont elles sont vérifiées par l'expérience.

La figure 16 démontre la disposition de l'appareil qui sert à démontrer la loi d'action des courants parallèles. Deux colonnes métalliques sont mises en communication avec les pôles d'une pile. Le courant monte ici par la colonne de gauche et par la branche horizontale qui réunit les sommets des colonnes; il entre dans le rectangle en fil de cuivre qui forme l'équipage mobile autour de l'axe vertical passant par les deux pointes et par les godets de mercure, et en parcourt toutes les parties dans le sens indiqué par les flèches. Il ressort par la branche supérieure hori-

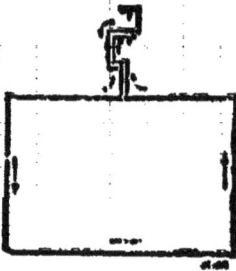

Fig. 17. — Expérience de la répulsion des courants parallèles de sens contraires.

zontale, et traverse en descendant la colonne de droite. Il résulte de là que le courant ascendant de la première colonne *t* est parallèle au courant du côté voisin vertical *ed* du rectangle. La seconde colonne *v* et le côté voisin opposé *bc* du même rectangle sont de même traversés tous deux par deux courants descendants parallèles. Or l'expérience démontre que ces parties voisines s'attirent; si on les éloigne en effet l'une de l'autre, par un déplacement angulaire de l'équipage mobile, elles se rapprochent vivement et se placent de manière que le plan de l'équipage coïncide avec celui des colonnes. Donc les courants parallèles de même sens s'attirent.

Si maintenant on substitue au rectangle qui vient de servir à cette expérience, celui de la figure 17, qui est disposé de façon à être parcouru par le courant dans un sens opposé, les portions verticales voisines de chaque colonne et des côtés du rectangle seront traversées par des courants toujours parallèles, mais de sens contraires. Aussi, quand on les approche respectivement les uns des autres, dès que passe le courant, on voit l'équipage subir une

vive répulsion et se placer à angle droit avec le plan
du cadre formé par les colonnes.

De cette première loi d'attraction ou de répulsion
des courants parallèles, selon que leurs sens sont
semblables ou contraires, il résulte que deux courants croisés ou obliques ont une tendance à devenir
parallèles : les portions de courants qui concourent
au point de croisement se rapprochent ou s'attirent;
celles qui, à partir de ce point, sont dirigées en sens

Fig. 18. — Répulsion des parties consécutives d'un même courant.

contraire, s'éloignent ou se repoussent. On vérifie
aisément ces conséquences, et la loi des courants
non parallèles se trouve ainsi démontrée.

Quand on considère les deux parties consécutives
d'un même courant formant un certain angle, elles
doivent, d'après ce qu'on vient de voir, se repousser
mutuellement, et, à la limite, quand l'angle devient
égal à 180°, ce qui revient à considérer deux parties
consécutives en ligne droite, il en est encore ainsi.
Ce fait se vérifie aussi par l'expérience, de la façon
suivante : On prend une auge rectangulaire en bois
séparée en deux portions par une cloison, comme le
montre la figure 18. On remplit chacune d'elles de
mercure, et l'on fait arriver dans l'une le fil positif,
dans l'autre le fil négatif d'un courant de pile. On
place sur le mercure un léger fil métallique à deux
branches parallèles reliées par une partie courbe,

de façon à mettre en communication le mercure de chaque compartiment. Ce fil complète le circuit, comme l'indiquent les flèches de la figure. Or, aussitôt que le courant passe, on voit le conducteur s'éloigner des points où les rhéophores plongent dans le mercure.

Voici encore comment on prouve que les courants sinueux agissent de la même manière que des cou-

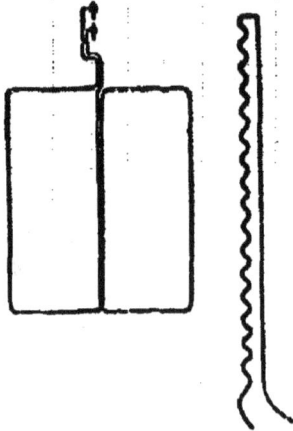

Fig. 19. — Action des courants sinueux.

rants rectilignes se terminant aux mêmes extrémités. On replie l'une contre l'autre les deux portions d'un fil traversé par un courant : l'une de ces portions est rectiligne, l'autre contournée comme le montre la figure 19. On approche l'ensemble de l'un des côtés du rectangle de l'équipage mobile d'Ampère. Or on n'observe aucun mouvement, ni d'attraction ni de répulsion ; il faut donc que l'action du courant sinueux dont le sens est opposé à celui du courant rectiligne, soit exactement neutralisée par ce dernier. Donc il y a équivalence entre ces deux actions : ce qui montre que la forme et la longueur de la portion sinueuse du courant n'ont rien ajouté à son action.

V

Action de la Terre sur les courants. — Théorie du magnétisme d'Ampère.

Ainsi donc, d'une part, les courants électriques agissent sur les aimants, les aimants agissent sur les courants; d'autre part, les courants agissent les uns sur les autres. De là à assimiler les aimants aux courants, il n'y avait qu'un pas; Ampère le franchit, mais sans cesser d'appeler au secours de la théorie le contrôle de l'expérience. Il découvrit que la Terre elle-même agit sur les courants : que si l'on abandonne à lui-même un équipage rectangulaire semblable à celui de la figure 11 et parcouru par un courant électrique, l'appareil tourne autour de son axe vertical et vient se placer spontanément en croix avec le méridien magnétique; c'est la portion ascendante du courant qui se porte à l'ouest, la portion descendante à l'est. M. Pouillet, à l'aide de dispositions fort ingénieuses, a fait voir qu'un courant vertical isolé, mobile autour d'un axe qui lui est parallèle, se transporte de lui-même à l'ouest ou à l'est magnétique, selon qu'il est ascendant ou descendant, tandis que l'action de la Terre sur les branches horizontales de l'appareil d'Ampère est nulle. S'emparant de ces faits, Ampère a construit des appareils astatiques, c'est-à-dire indifférents à l'action du globe terrestre. Il suffit pour cela de replier les branches des conducteurs de telle façon que l'action magnétique terrestre sur l'une quelconque d'entre elles soit neutralisée par l'action sur une branche égale et parallèle, traversée en sens opposé par le courant. La figure 20 représente deux modèles de ces conducteurs astatiques. Puis, faisant

alors agir sur eux un courant fixe, placé horizontalement dans une direction perpendiculaire au méridien magnétique, de l'est à l'ouest, il a vu que
l'action de ce courant était précisément la même que
l'action de la Terre. Il en conclut que l'action magnétique de la Terre sur l'aiguille aimantée est due à
des courants électriques qui circulent incessamment,
sous l'horizon, perpendiculairement au méridien ma-

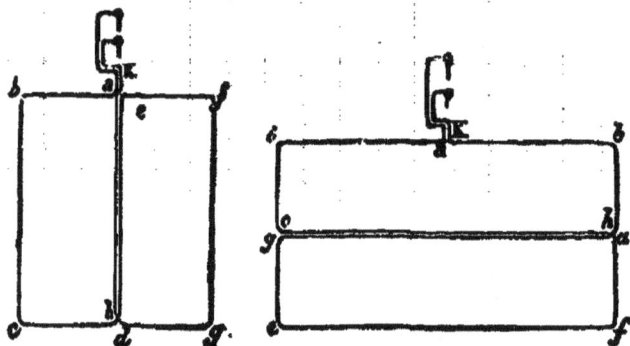

Fig. 20. — Conducteurs astatiques d'Ampère.

gnétique, et dont le sens est celui de l'orient à
l'occident. Tous ces courants, quel qu'en soit le
nombre, peuvent être considérés comme composant
un courant unique, et l'expérience montre que, sous
nos latitudes, sa position est située vers le sud.

Poursuivant ces belles généralisations, Ampère a
fait voir qu'un aimant peut être assimilé à un assemblage de courants circulaires, verticaux, parallèles
entre eux et de même sens. Un tel assemblage, en
effet — l'expérience va nous le démontrer, — étant
suspendu librement de manière à pouvoir tourner
dans un plan horizontal soumis à l'action de la Terre,
se place de lui-même dans le méridien magnétique :
il se conduit de la même façon qu'une aiguille
aimantée. Voici comment Ampère a réalisé ce qu'on
peut appeler l'*hélice* ou l'*aimant électrique.*

Il prit un fil métallique et, l'enroulant autour d'un cylindre en spires équidistantes, il lui donna la forme que représente la figure 21, ramenant les deux extrémités des fils longitudinalement au-dessus des spires, puis les recourbant de façon que l'ensemble pût

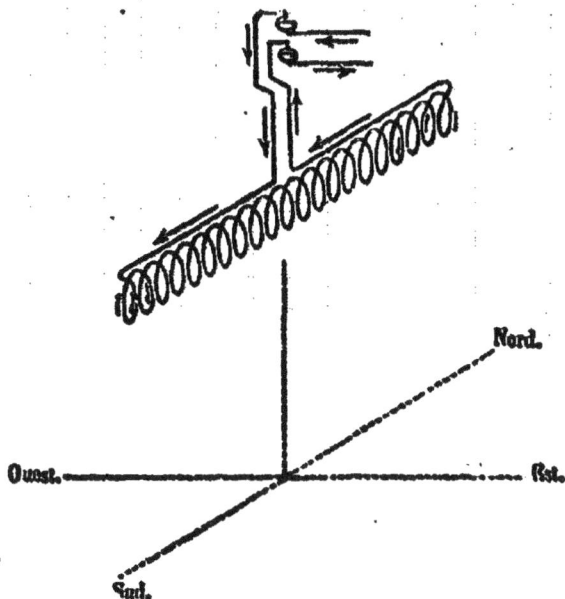

Fig. 21. — Direction d'un solénoïde dans le méridien sous l'action de la Terre.

librement tourner autour d'un axe vertical. Cela fait, il rattacha les deux bouts du fil aux rhéophores d'une pile. Une fois que le courant passe dans le sens marqué par les flèches, le *solénoïde* — c'est le nom donné à l'appareil par Ampère [1] — se place dans une position d'équilibre stable : chaque spire se trouve

1. D'une manière plus générale, on donne le nom de *solénoïde* à tout système de courants circulaires, égaux entre eux et de même sens, disposés de façon que l'axe qui passe par les centres de tous les cercles soit perpendiculaire ou normal aux plans de chacun d'eux. On obtient ce résultat de diverses manières, et la figure 22 en représente plusieurs.

dans un plan vertical dont la direction est de l'est à
l'ouest magnétique; l'axe du solénoïde coïncide alors
avec le méridien magnétique, tout comme le ferait
une aiguille aimantée. Si l'on change alors le sens du
courant, on voit le solénoïde se déplacer; puis, après

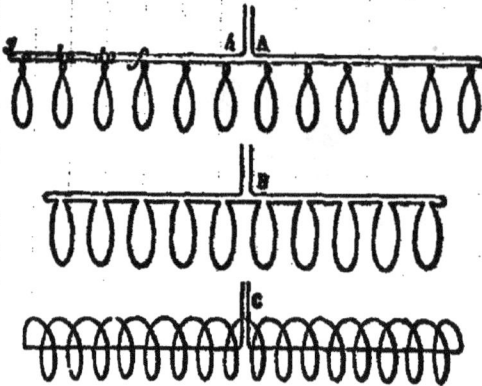

Fig. 22. — Formes diverses de solénoïdes.

avoir tourné de 180°, venir se placer dans sa position
primitive; son axe longitudinal est toujours dans le
méridien magnétique : seulement il se trouve retourné
bout pour bout. Enfin un élément de solénoïde,
suspendu de façon à pouvoir tourner librement
autour d'un axe perpendiculaire au méridien magnétique (fig. 23), prend une inclinaison qui est précisément égale à celle de l'aiguille aimantée.

Ainsi les aimants ordinaires et les solénoïdes, ou
aimants électriques, se conduisent de même sous
l'influence de l'action magnétique de la Terre. Mais
l'analogie a été poussée plus loin. Ampère a fait voir
que les extrémités ou pôles de deux solénoïdes exercent les uns sur les autres des attractions et des répulsions de même nature que les attractions et les répulsions des pôles des aimants : les pôles de même nom
des solénoïdes se repoussent; les pôles de noms

contraires s'attirent. Enfin, les mêmes actions se manifestent si l'on présente le pôle d'un solénoïde à

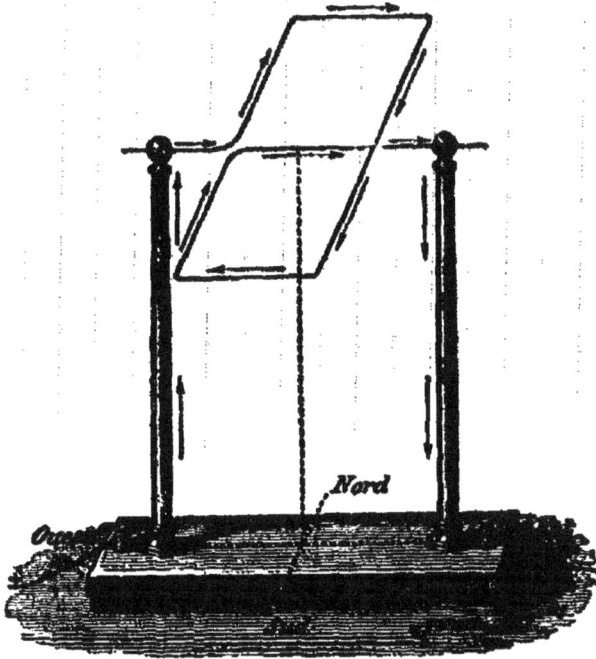

Fig. 23. — Inclinaison d'un élément de solénoïde sous l'influence de l'action magnétique terrestre.

l'un ou à l'autre des deux pôles d'un aimant (fig. 24). L'assimilation est complète, et Ampère a pu formuler dans toute sa rigueur sa théorie du magnétisme, théorie qui ramène les phénomènes magnétiques aux phénomènes d'électricité dynamique. Voici un résumé sommaire de cette belle théorie :

Le globe terrestre est incessamment sillonné d'une multitude de courants électriques, engendrés par des actions chimiques qui ont lieu dans son sein. Tous ces courants, de sens et d'intensités probablement divers et variables, produisent sur les aimants le même effet qu'un courant unique, résultant de la composition des courants élémentaires, et circulant

de l'est à l'ouest, en sens contraire du mouvement
de rotation de la Terre. Toute substance magnétique,
fer, acier, etc., est de même le siège de courants
électriques élémentaires circulant autour de certains
groupes d'atomes. Dans le fer doux, et dans les corps
magnétiques qui ne sont pas doués du magnétisme
polaire, ces courants se trouvent orientés dans tous

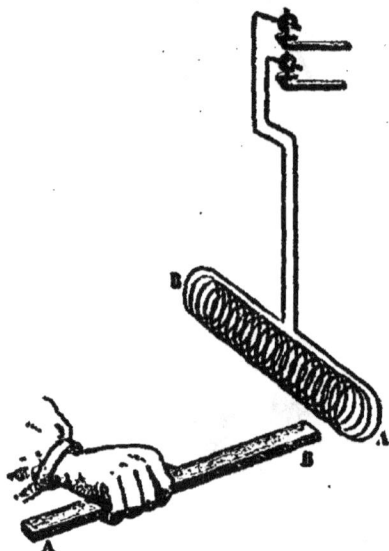

Fig. 24. — Actions mutuelles des aimants et des solénoïdes.

les sens, de sorte que l'effet résultant est nul. Dans
les aimants au contraire, les courants particuliers
ont tous la même orientation; par exemple, ils circulent comme l'indiquent les flèches de la figure 25,
où l'on voit représentée une section transversale
d'un barreau aimanté. Dans les portions voisines ou
contiguës, en b, b', a, a', etc., les courants sont de
sens contraire et se détruisent; de sorte que l'effet
total se réduit à l'effet extérieur : ce qui revient à
considérer le contour de chaque tranche comme
étant parcouru par un seul courant. La même chose

aura lieu dans toutes les sections, et l'aimant sera
constitué comme l'indique la figure 26.

On voit donc, d'après la théorie d'Ampère, que
tout aimant peut être considéré comme équivalant à
un solénoïde, ou mieux comme étant lui-même un

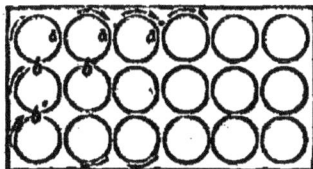

Fig. 25. — Courants particulaires des aimants.

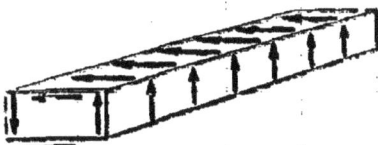

Fig. 26. — Courants résultants
à la surface d'un aimant.

ensemble, un faisceau de solénoïdes ou d'hélices formées par des courants particulaires circulant dans
des plans à peu près perpendiculaires à la ligne des
pôles.

Quant aux substances magnétiques, telles que le
fer doux, le voisinage d'un aimant leur fait acquérir
momentanément le magnétisme polaire, par l'action
que les courants du solénoïde exercent sur les courants dont ils sont eux-mêmes le siège. Cette influence
modifie l'orientation de ces courants élémentaires, et
fait que leur résultante n'est plus nulle : ainsi se
conçoit l'aimantation par influence. Nous allons voir
dans le paragraphe suivant que l'aimantation permanente s'explique aussi parfaitement dans la théorie
d'Ampère. Mais là c'est l'expérience qui doit nous
instruire, en nous révélant des phénomènes du plus
haut intérêt.

CHAPITRE II

I

Aimantation par les courants.

Arago fit en septembre 1820, peu de temps après les découvertes d'Œrsted et d'Ampère, l'expérience suivante : il plongea dans une masse de limaille de fer un fil de cuivre qui réunissait les deux pôles d'une pile; en retirant le fil sans interrompre le courant, il le vit recouvert sur toute sa surface de parcelles de limaille, disposées transversalement; dès que le courant était interrompu, les parcelles se détachaient du cuivre et tombaient. Pour s'assurer qu'il s'agissait bien là d'une aimantation temporaire, et non de l'attraction d'un corps électrisé pour les corps légers, il substitua à la limaille de fer une substance non magnétique, et le phénomène n'eut plus lieu. En plaçant des aiguilles de fer doux, puis d'acier trempé, très près du fil de cuivre et en croix avec ce dernier, il reconnut que l'action du courant les transformait en aiguilles aimantées, ayant leur pôle austral toujours à gauche du courant, résultat conforme aux récentes expériences d'Œrsted.

Bientôt Arago et Ampère reconnurent que l'aimantation du fer doux ou de l'acier se développait avec bien plus d'énergie en plaçant l'aiguille à l'intérieur d'une hélice électrique. Ils enroulaient le fil rhéophore d'une pile autour d'un tube de verre; puis, ayant placé dans l'axe de ce dernier l'aiguille à aimanter, ils faisaient passer le courant. L'aimantation se produisait aussitôt; mais, comme on devait s'y attendre, elle était temporaire pour le fer doux, permanente pour l'acier.

On voit, d'après la figure 27, qu'il y a deux manières d'enrouler le fil autour du tube. En supposant le tube vertical, on peut enrouler le fil en allant de haut en bas, chaque spire s'enroulant de droite à gauche sur la face du tube tournée vers l'opérateur : c'est l'hélice ou le solénoïde *dextrorsum ba*; ou bien on peut enrouler le fil toujours de la même façon, mais en allant de gauche à droite : c'est l'hélice ou le solénoïde *sinistrorsum b'a'*. Si le courant traverse les spires de l'hélice de haut en bas, comme l'indiquent les flèches, l'aimantation donnera à l'aiguille son pôle austral en bas dans l'hélice dextrorsum, c'est-à-dire du côté par où sort le courant; le pôle austral sera au contraire en haut dans l'aiguille de l'hélice sinistrorsum, ou du côté par où entre le courant. Dans les deux cas, c'est toujours à la gauche du courant, suivant la loi d'Ampère, que se trouve placé le pôle austral.

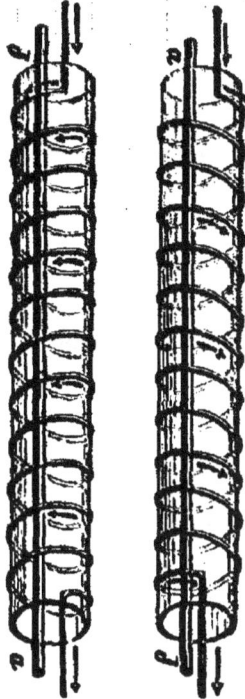

Fig. 27. — Aimantation d'une aiguille d'acier par un solénoïde; hélices dextrorsum et sinistrorsum.

Par ce procédé d'aimantation, si simple et si merveilleux, on peut à volonté produire des pôles secondaires sur les barreaux qu'on veut aimanter: ce qu'on
nomme, nous l'avons vu ailleurs, des *points conséquents*. Il suffit pour cela, comme Arago l'a fait voir
le premier, après avoir enroulé le fil dans
un sens autour du tube, de l'enrouler dans
le sens opposé vis-à-vis de chacun des
points où doit exister un pôle secondaire.
L'hélice totale se trouve ainsi formée d'une
hélice sinistrorsum suivie d'une hélice
dextrorsum, et ainsi de suite (fig. 28).

L'aimantation des barreaux d'acier se
faisait autrefois par divers procédés que
nous avons décrits dans le livre du MA-
GNÉTISME; mais aujourd'hui l'emploi des
courants électriques circulant dans une
hélice est généralement préféré. On entoure le barreau à aimanter d'une bobine,
dans laquelle on fait passer le courant, et
pendant ce temps on fait glisser la bobine
d'une extrémité à l'autre du barreau; au
bout d'un temps assez court, l'acier a pris
son maximum d'aimantation.

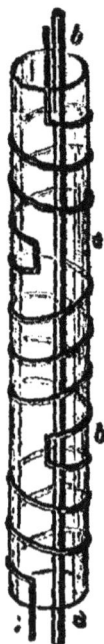

Fig. 28. —
Aimantation
par une hé-
lice; produc-
tion des points
conséquents.

Nous avons mentionné, en décrivant les
méthodes d'aimantation, le procédé que
MM. Elias (de Harlem) et Logemann emploient pour obtenir des aimants d'une
grande puissance. En voici la description, d'après
Gordon; nous ajouterons seulement que l'acier dont
se servent les inventeurs est un acier particulier
et fortement trempé. « Ce procédé consiste à faire
aller et venir sur le barreau que l'on veut aimanter
une bobine en fil de cuivre dans laquelle circule
un courant électrique. Quand on opère sur un
fer à cheval, on place une bobine sur chacune des

deux branches, on fait passer le courant dans les deux bobines, et on les fait aller et venir ensemble sur les deux branches du fer à cheval. On peut obtenir l'aimantation maxima au moyen d'un seul couple de Grove et de Bunsen; seulement il faut que ce couple ait très peu de résistance, et que les bobines aimantantes en aient aussi très peu. M. Elias se servait d'un couple de Grove dont la résistance était égale

Fig. 29. — Procédé d'aimantation permanente par les hélices.

à celle d'un fil de cuivre de 1 millimètre de diamètre et de 66 centimètres de longueur. Sa bobine aimantante était formée d'un fil de 3 millimètres de diamètre et de 7 à 8 mètres de longueur. Ce procédé offre une grande analogie avec celui de la double touche. »

La production de puissants aimants permanents a pris une grande importance depuis l'invention des machines magnéto-électriques et leur application à la lumière électrique et à la galvanoplastie. L'inventeur d'un de ces appareils, que nous décrirons bientôt, M. de Méritens, aimante très rapidement à saturation les quarante faisceaux d'aimants permanents qui composent l'une de ses machines. Il place deux aimants à la fois, les pôles en regard, séparés par une mince feuille de cuivre contre laquelle ils sont appliqués. Des bobines excitatrices ou magnétisantes enveloppent

chaque faisceau, et, pour les animer, il envoie dans le
fil le courant d'une machine Gramme qu'il laisse agir
pendant vingt secondes, pour l'interrompre pendant
vingt autres secondes. « A chaque reprise du courant,
un violent mouvement moléculaire se produit, et
l'aimantation est telle que, si on laisse l'appareil
fonctionner pendant plus de dix minutes, la chaleur
apparaît aux pôles des aimants. » Par ce procédé,
M. de Méritens arrive à aimanter à saturation ses
quarante faisceaux en moins d'une journée avec un
seul homme.

II

L'électro-aimant.

Nous avons déjà vu que le fer doux enveloppé
d'une hélice magnétisante prend une aimantation
temporaire. La force magnétique ainsi développée est
d'autant plus puissante que le fer est plus homogène
et plus pur, et que le nombre des spires de l'hélice
est plus considérable. Pour réaliser facilement cette
dernière condition, on entoure le fil métallique d'une
enveloppe isolante, comme dans le multiplicateur de
Schweigger, par exemple de fil de soie ou de coton.
On l'enroule alors autour du morceau de fer doux,
en serrant les tours autant qu'on veut, de manière à
obtenir un très grand nombre de spires. On a ainsi
ce qu'on appelle un *électro-aimant*, c'est-à-dire un
aimant dont la puissance magnétique subsiste pendant la durée du passage du courant de la pile, et
cesse dès que le courant est interrompu [1].

---

1. L'intensité du magnétisme qu'on peut communiquer de
cette manière à un barreau de fer doux dépend non seulement
de l'intensité du courant, mais aussi du nombre des spires
du fil qui l'entoure, de la longueur et du diamètre de ce

On donne souvent aux électro-aimants la forme d'un cylindre recourbé en fer à cheval, dont chaque branche est recouverte par une portion du fil (fig. 30). Les hélices y paraissent enroulées en sens opposé, mais le sens de l'enroulement est en réalité le même dans les deux branches, si l'on suppose le cylindre

Fig. 30. — Électro-aimant en fer à cheval.

Fig. 31. — Électro-aimant à noyaux parallèles.

de fer doux redressé. Aux deux extrémités se trouvent donc, dès que le courant passe, deux pôles de noms contraires. On fait aussi des électro-aimants avec deux cylindres de fer doux parallèles, réunis d'un côté par une lame de fer, de l'autre par une lame de cuivre (fig. 31). On donne du reste les formes les plus variées à ces appareils, selon l'usage auquel on les destine : on les fait cylindriques, carrés, plats, ellipsoïdaux; on donne également à leurs armatures les formes les plus diverses.

L'électro-aimant que Pouillet a fait construire pour la Faculté des sciences de Paris est capable de

fil. D'après M. Weber, pour de faibles intensités, il y a à peu près proportionnalité entre l'intensité magnétique et celle du courant; mais quand celle-ci croît, la première tend vers une limite déterminée. « L'existence d'une limite à l'aimantation, dit M. Verdet, est d'ailleurs une conséquence évidente de la théorie d'Ampère : lorsque tous les éléments magnétiques d'un barreau sont orientés parallèlement à son axe, leurs actions sont concordantes, et l'aimantation ne peut plus s'accroître. »

supporter une charge de plusieurs milliers de kilogrammes. Un électro-aimant appartenant à M. Gordon,
l'auteur du *Traité de l'électricité et du magnétisme*
que nous avons cité si souvent, est formé d'un fer à
cheval dont les branches, longues de 33 centimètres,
ont 63,5 millimètres de diamètre; les hélices ont
30 cent. 5 de long et 12 cent. 7 de diamètre extérieur; elles ne contiennent pas moins de 1 000 tours
de fil de cuivre de 1 mill. 25 de diamètre, et pèsent
chacune 15 kilogrammes. « Un tel aimant, mis les
pôles en bas et traversé par un courant énergique,
porterait probablement un poids de 1 à 3 tonnes
attaché à son armature. » Avec des appareils aussi
puissants, on a pu constater l'action magnétique
s'exerçant sur des substances qui avaient jusqu'alors
paru résister à leur influence. Indépendamment des
nombreuses applications qu'ils reçoivent et que nous
décrirons plus loin, les électro-aimants permettent
encore de faire plusieurs expériences curieuses, par
exemple de produire une chaîne magnétique, en disposant au-dessous des pôles un amas de substances
magnétiques, de la limaille de fer, des clous, etc.
Aussitôt que le courant passe, les petits corps sont
attirés par les pôles, s'aimantent par influence et
s'enchevêtrent comme le montre la figure 32. Dès
que le circuit est ouvert, la chaîne se rompt, et tous
les fragments tombent à la fois.

La promptitude avec laquelle, sous l'influence de
l'électricité, le fer doux s'aimante, puis perd son
aimantation dès que le courant cesse, a suscité de
nombreuses et importantes applications de l'électro-
aimant. Nous verrons ailleurs qu'on a utilisé cette
propriété pour construire des machines motrices,
peu puissantes il est vrai, mais précieuses pour les
travaux qui exigent précision et régularité. Mais c'est
surtout dans la télégraphie électrique que l'électro-

aimant joue un rôle capital, bien propre à montrer combien les spéculations de la théorie la plus élevée touchent de près aux applications pratiques de la plus haute utilité sociale. Ailleurs nous rendons

Fig. 32. — Chaîne magnétique.

justice aux inventeurs des systèmes qui ont réalisé ce mode de communication, pour ainsi dire instantané, de la pensée [1]; maintenant ce sont les noms de Volta, d'Ampère, d'Arago qu'il faut signaler à la reconnaissance du monde civilisé, car c'est à ces hommes illustres qu'on doit la découverte des principes qui sont la base de cette invention merveilleuse.

1. Voir le *Télégraphe ou le Téléphone*, volume de notre ENCYCLOPÉDIE POPULAIRE et aussi, avec plus de développements, le tome III du *Monde physique*.

CHAPITRE III

L'INDUCTION ÉLECTRO-MAGNÉTIQUE

I

Phénomène d'induction par les courants.

C'est le nom de Faraday qui se présente à l'origine des nouveaux et remarquables phénomènes qui furent mis au jour, il y a près de soixante ans, et que nous allons décrire dans ce chapitre.

Faraday découvrit au mois de novembre 1831 ce fait remarquable : au moment où l'on introduit dans un fil métallique un courant électrique, il naît dans un fil voisin, parallèle au premier et séparé de lui par un corps isolant, un courant qui est de sens contraire au premier courant. L'existence du courant ainsi développé par influence ou induction peut être mise en évidence par la déviation spontanée que subit l'aiguille d'un galvanomètre avec lequel communique le fil. Il cesse d'ailleurs aussitôt, bien que le premier courant continue à circuler dans le fil principal; mais si l'on rompt celui-ci, un autre courant instantané se produit en sens inverse dans le fil parallèle et cesse encore immédiatement. On donne au courant pri-

mitif le nom de *courant inducteur*; au courant produit quand ce dernier commence, le nom de *courant
induit inverse*, et enfin au courant qui se développe
quand on rompt le courant inducteur, le nom de
courant induit direct.

Il est intéressant de voir comment Faraday est
arrivé à la découverte de l'induction, que des expériences d'Ampère, faites dix ans auparavant, avaient
d'ailleurs fait pressentir. Voici comment Tyndall
raconte ce fait considérable :

« Faraday commença ses expériences sur l'induction des courants électriques en composant une hélice
de deux fils isolés, qu'il enroula parallèlement l'un
au-dessus de l'autre sur un même cylindre de bois.
Les extrémités de l'un de ces fils furent reliées aux
deux pôles d'une pile de dix éléments, les extrémités
de l'autre à un galvanomètre très sensible. Quand la
communication avec la pile était établie et que le courant circulait, aucun effet n'était accusé par le galvanomètre. Faraday n'acceptait un résultat qu'après
avoir épuisé sur lui toute la force de sa volonté. Il
alla de 10 à 120 éléments, mais sans succès. Le courant coulait tranquillement dans le fil du circuit, sans
produire pendant son écoulement aucune déviation
de l'aiguille du galvanomètre.

« *Pendant son écoulement!* c'est pendant cette
période qu'on s'attendait à trouver l'effet cherché.
Mais c'est ici que la puissance de vision latérale de
Faraday, qui lui permettait d'observer en dehors de
la ligne de mire, lui venait en aide : il remarqua que
l'aiguille faisait un léger mouvement chaque fois
qu'il fermait le circuit, qu'elle revenait ensuite à sa
position d'équilibre et s'y maintenait tranquille, sans
être influencée par le courant qui coulait. Mais au
moment où le circuit était rompu, l'aiguille se mou-
vait de nouveau, et cette fois dans une direction

opposée à celle de la déviation observée dans la fermeture du circuit.

« Ce résultat et d'autres semblables le conduisirent à la conclusion que le courant de la pile à travers le premier fil devait faire naître dans le second fil un courant semblable, mais que ce courant ne durait qu'un instant, et ressemblait plus dans sa nature à l'onde électrique émanée d'une bouteille de Leyde ordinaire qu'au courant de la pile. » (Tyndall, *Faraday inventeur.*)

Les aimants font naître des courants d'induction, tout comme les courants voltaïques; il en est de même, ainsi que l'a prouvé M. Masson en 1834, des décharges d'électricité statique. Nous allons rapidement passer en revue les principales expériences à l'aide desquelles on constate cette nouvelle série de phénomènes; après quoi, nous décrirons les remarquables appareils dont la construction est basée sur les lois de l'induction, et qui servent aujourd'hui à produire l'électricité avec une puissance extraordinaire.

Pour obtenir des courants induits un peu intenses, il faut donner aux fils parallèles une longueur considérable. On évite l'inconvénient qui en résulte, en enroulant chacun des fils recouverts de soie autour d'un cylindre creux, de carton ou de bois. On a alors ce qu'on nomme une *bobine*. Les deux extrémités du fil viennent aboutir à deux boutons métalliques fixés sur l'une des bases du cylindre, et qui servent à mettre l'hélice ainsi formée en communication soit avec les deux rhéophores d'une pile, soit avec un galvanomètre.

Prenons deux bobines, l'une d'un plus grand diamètre que l'autre, de façon que la plus petite puisse pénétrer dans la cavité cylindrique de la plus grande. Celle-ci est en communication avec un galvanomètre,

ce sera la *bobine induite*; l'autre, la *bobine inductrice*,
une fois introduite dans la première (fig. 33), est
mise en communication avec les pôles d'un élément
Bunsen. Dès que le courant est fermé, on voit l'aiguille
du galvanomètre indiquer par sa déviation qu'un courant induit inverse a traversé les spires de la première
bobine; mais l'aiguille rétrograde aussitôt, revient
au zéro après quelques oscillations, et y reste tant

Fig. 33. — Induction par un courant.

que le courant existe. Si alors on rompt le circuit
inducteur, l'aiguille dévie en sens inverse, indiquant
par conséquent la naissance d'un courant induit
direct. Puis elle revient de nouveau au zéro, et y persiste tant que le courant est rompu.

Que démontre cette première expérience? Que
tout courant voltaïque développe dans un fil conducteur voisin, à l'instant où il commence, un courant inverse; au moment où il finit, un courant
direct; enfin que son action inductrice est nulle
pendant tout le temps de la durée du courant inducteur.

Maintenant, supposons la bobine inductrice en
relation avec la pile, et le circuit fermé avant d'approcher les deux bobines l'une de l'autre, comme

le montre la figure 34. Si alors on approche brusquement la bobine inductrice de la bobine induite,
un courant inverse naît dans celle-ci; c'est ce qu'indique la déviation de l'aiguille du galvanomètre.
Aussitôt ce courant cesse; mais si on éloigne alors
la bobine inductrice, un courant induit direct se
développe et cesse immédiatement comme le premier. En un mot les choses se passent comme dans

Fig. 34. — Induction par l'approche ou l'éloignement d'un courant.

la première expérience et l'induction est ici la conséquence du mouvement relatif du conducteur et
du courant.

Supposons maintenant enfin qu'on recommence
les deux expériences qui précèdent, mais que, dans
l'intervalle qui sépare la production des deux courants induits opposés, on vienne à accroître l'intensité du courant inducteur; à l'instant même où a
lieu cet accroissement, l'aiguille du galvanomètre,
qui était revenue au zéro, dévie et indique la naissance d'un courant induit inverse. Si l'intensité du

courant vient, au contraire, à diminuer, il se produit un courant direct dans la bobine induite.

Pour réaliser cette dernière expérience, on met en communication deux points intermédiaires du circuit inducteur, à l'aide d'un fil de dérivation *d* (fig. 35), dont les extrémités plongent dans le mercure des godets *g* et *g'*. Au moment où cette dérivation est établie, l'intensité du courant diminue

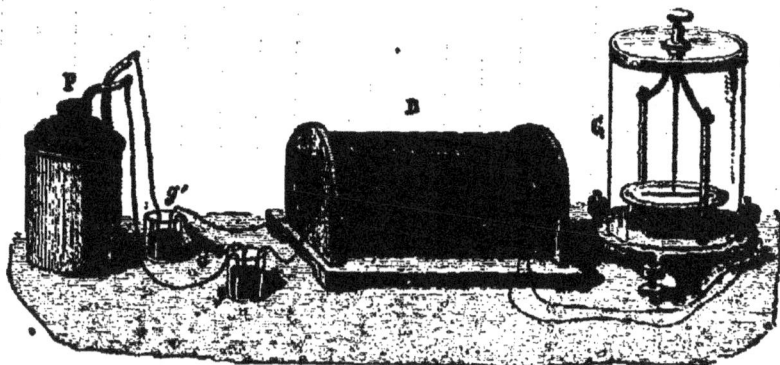

Fig. 35. — Induction par la variation d'intensité d'un courant.

brusquement dans la bobine inductrice, parce que le fil de dérivation en absorbe une partie. Aussitôt la déviation de l'aiguille du galvanomètre indique dans la bobine induite la naissance d'un courant direct; puis elle revient à sa position première. Mais si alors on vient à supprimer la dérivation, le courant inducteur reçoit une brusque augmentation d'intensité, et l'on constate la naissance d'un courant induit inverse.

On peut donc résumer de la façon suivante les phénomènes d'induction par un courant :

Un courant voltaïque développe par influence ou induction, dans un fil conducteur voisin, un courant de sens opposé au sien, c'est-à-dire un *courant induit inverse*, toutes les fois :

1º Qu'il commence;

2º Qu'il s'approche;

3º Qu'il augmente d'intensité.

Le même courant produit un *courant induit direct*, ou de même sens que le sien, toutes les fois :

1º Qu'il finit;

2º Qu'il s'éloigne;

3º Qu'il diminue d'intensité.

Nous allons voir maintenant les mêmes phénomènes se produire avec les courants magnétiques, c'est-à-dire avec les aimants, et la théorie d'Ampère recevoir ainsi des expériences de l'illustre Faraday une confirmation nouvelle.

II

Induction par les aimants.

Reprenons une bobine dont l'hélice ait ses extrémités en communication avec un galvanomètre. Plaçons un aimant dans l'axe du cylindre, et approchons vivement l'un de ses pôles de la bobine : l'aiguille du galvanomètre est aussitôt déviée, puis elle retourne à zéro. Le sens de la déviation indique un courant opposé à celui qui, d'après la théorie d'Ampère, représente l'action du pôle voisin de la bobine. D'ailleurs le courant induit cesse aussitôt, et rien ne se manifeste plus tant que l'aimant reste en présence (fig. 36). Vient-on à l'enlever subitement, l'aiguille du galvanomètre dévie en sens contraire, puis retourne au zéro après quelques oscillations. Elle a donc accusé la naissance d'un courant induit direct.

Avant d'approcher l'aimant, supposons qu'on ait introduit dans la bobine un cylindre de fer doux (fig. 37). Si maintenant on approche, en le faisant

mouvoir selon l'axe du cylindre, un des pôles de
l'aimant, il y aura induction et production d'un

Fig. 36. — Induction par un aimant.

courant inverse pour une double raison : d'abord
la présence de l'aimant suffit à produire le courant

Fig. 37. — Induction par la naissance ou la disparition d'un pôle magnétique.

induit; de plus, le fer doux est lui-même aimanté par
influence et il réagit sur l'hélice de la bobine. Ce qui

le prouve, c'est que la déviation de l'aiguille du galvanomètre est plus forte que dans l'expérience précédente. La même remarque s'applique au courant induit direct que l'éloignement rapide de l'aimant développe dans la bobine. Enfin, si l'on fait varier la distance de l'aimant au fer doux, l'aimantation de ce dernier augmente ou diminue, et l'on constate la naissance de courants induits opposés, dans ces deux circonstances.

En résumé, il y a induction d'un fil conducteur par un aimant, et production d'un courant induit inverse, toutes les fois :

1° Que le pôle magnétique s'approche ;

2° Qu'il s'établit ;

3° Que son intensité augmente.

Il y a, au contraire, production d'un courant induit direct :

1° Si le pôle magnétique s'éloigne ;

2° S'il est détruit ;

3° Si son intensité diminue.

La Terre étant assimilée, dans la théorie du magnétisme d'Ampère, à un gigantesque aimant ou mieux à un solénoïde dont les courants particulaires ont la direction est-ouest, elle doit, comme les aimants, être susceptible de produire des courants d'induction. C'est, en effet, ce qui a lieu et les expériences de Faraday ont encore confirmé cette prévision de la théorie. Prenant une hélice AB (fig. 38), dont les extrémités E et O formaient un axe autour duquel le système pouvait tourner, il plaçait cet axe horizontalement dans une direction perpendiculaire au plan du méridien magnétique, et donnait à l'hélice une position parallèle à l'aiguille d'inclinaison. Il lui imprimait alors brusquement un mouvement de rotation autour de EO : un galvanomètre communiquant avec les fils de l'hélice indiquait la naissance instantanée d'un courant, dont le sens changeait à chaque demi-révolution. Faraday avait commencé par placer dans l'hélice un barreau de fer doux qui s'aimantait sous l'influence de la Terre, de sorte que l'action inductrice de celle-ci s'exerçait par l'intermédiaire du barreau. Mais, comme le mouvement de rotation et le changement de direc-

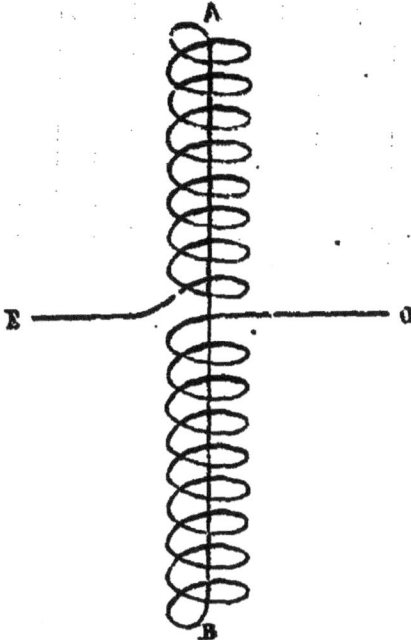

Fig. 38. — Action inductrice de la Terre.

tion qui en résultaient, faisaient varier l'aimantation du barreau, ces variations elles-mêmes donnaient naissance à des courants induits de même sens que ceux de la bobine, et leurs effets en s'ajoutant se confondaient.

On nomme *extra-courant* un courant induit qui se développe par l'action d'un courant sur lui-même, c'est-à-dire sur une partie de son propre circuit. C'est encore à Faraday qu'est due la démonstration de l'existence de ces sortes de courants induits. Voici comment l'illustre physicien a mis en évidence l'extra-courant. Une pile P (fig. 39) envoie un courant dans un circuit ACBD, qui est relié par un fil de dérivation CD à un galvanomètre G. Sous l'influence de ce courant continu, l'aiguille du galvanomètre dévie et prend une position d'équilibre *xy*. On ouvre alors le circuit en A, ce qui interrompt le courant; mais à l'aide d'une cale on conserve à *xy* sa position, pour l'empêcher de revenir en arrière en *ab*, position qu'elle occupait avant la fermeture du courant. On ferme de nouveau le circuit en A, et aussitôt on voit l'aiguille

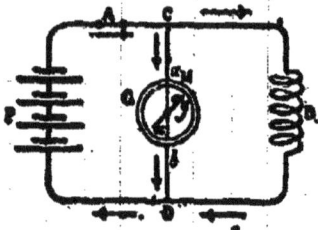

Fig. 39. — Expérience démontrant l'existence de l'extra-courant.

subir un excès de déviation, puis revenir sur elle-même en *xy*. Ainsi, au moment de la fermeture, un courant plus intense que le courant ordinaire s'est produit dans le circuit, ce qui ne peut s'expliquer que par l'induction des spires de l'hélice B les unes sur les autres. Le courant induit ainsi constaté circule donc dans le sens CD, puisqu'il a agi sur le fil du galvanomètre dans le même sens que le courant primaire; donc il est inverse par rapport à ce dernier. Une nouvelle rupture du courant en A produirait une déviation contraire de l'aiguille, maintenue en *ab* par une cale placée en sens opposé indiquant ainsi la naissance d'un extra-courant direct.

Tous les phénomènes d'induction que nous venons de décrire, et en général tous ceux qui ont été constatés, quelle que soit leur origine, suivent des lois qui peuvent se ramener à un seul énoncé, celui qui est connu sous le nom de *loi de Lenz*, du nom du physicien russe qui en a donné la formule. Voici cet énoncé :

Si, dans le voisinage d'un courant ou d'un aimant,

on déplace un circuit ou conducteur fermé, il se développe dans ce circuit un courant dont le sens est tel que, par la réaction du courant induit sur le courant ou sur l'aimant inducteur, il tende à s'opposer au mouvement. Il en est de même si l'on déplace le courant ou l'aimant, et que ce soit le conducteur qui reste immobile.

CHAPITRE IV

LES MACHINES D'INDUCTION

I

Machines d'induction électro-voltaïques.

La découverte des phénomènes d'induction a fait naître presque aussitôt l'idée de construire des appareils ou machines ayant pour objet de recueillir les courants induits par l'action réciproque des courants et des aimants ou des électro-aimants, et d'obtenir par conséquent tous les effets mécaniques, physiques ou physiologiques des piles ou des condensateurs électriques. Et en effet, dès 1832, un constructeur d'instruments de physique, Pixii, inventait la machine qui porte son nom, et que suivirent bientôt de nombreux appareils basés sur le même principe.

Les machines d'induction aujourd'hui usitées, et dont nous décrirons les plus remarquables, peuvent se partager en trois classes principales, selon le mode de production de l'électricité qu'elles fournissent. Dans la première classe, c'est une action électro-chimique, c'est-à-dire le courant d'une pile, qui induit soit son propre circuit, soit un circuit voisin : on peut donner à ces machines le nom de machines *électro-voltaïques*, ou encore *rhéo-électriques* comme l'a proposé M. Le Roux. La bobine de Ruhmkorff est le type de ce genre d'appareils. Dans la seconde classe, nous rangerons les machines qui demandent à la dépense d'une force mécanique, en présence d'un aimant permanent, la production d'un courant induit, auquel on fait ensuite induire soit son propre circuit, soit un circuit voisin; comme, en ce cas, l'induction a lieu par le mouvement relatif d'un circuit et d'un aimant, on donne aux machines de cette seconde classe le nom de *machines magnéto-électriques*. La troisième classe comprend les machines d'induction qui n'emploient plus que la force mécanique seule pour la production des courants induits, et qui n'ont besoin, pour être amorcées, que du faible magnétisme rémanent qui existe dans le fer doux des électro-aimants eux-mêmes. On les nomme pour cette raison *machines dynamo-électriques*.

Commençons notre description par la bobine d'induction, machine rhéo-électrique dont l'idée première remonte aux recherches faites en 1842 par Masson; elle porte aujourd'hui le nom du célèbre constructeur qui, en lui donnant sa forme actuelle, en a si considérablement accru la puissance : nous voulons parler de la *bobine de Ruhmkorff*.

La machine d'induction de Ruhmkorff est représentée dans la figure 40. Elle est composée de deux bobines : l'une intérieure, dont l'hélice est formée d'un fil d'assez gros diamètre (2 à 3 millimètres), mais de faible longueur (50 ou 60 mètres par exemple), est la bobine inductrice; on voit les deux extrémités du fil inducteur aboutir en *f* et *f'* à deux petites poupées en laiton. La bobine induite enveloppe la première, qui est logée concentriquement dans sa cavité intérieure; son hélice est formée d'un fil extrêmement

fin (un quart de millimètre) et d'une longueur qui peut
aller jusqu'à 120 kilomètres. Les deux extrémités du
fil induit vont extérieurement se rattacher à deux
poupées métalliques A et B, qui surmontent deux
colonnes isolantes en verre. Enfin, à l'intérieur de

Fig. 40. — Machine d'induction de Ruhmkorff.

la bobine inductrice est placé un faisceau cylindrique
de gros fils de fer doux, reliés à leurs extrémités par
deux disques de même métal.

Toutes les fois que le courant d'un électro-moteur,
celui d'une pile par exemple, sera lancé dans le fil
inducteur et le parcourra, entrant en f et sortant
par f', un courant induit naîtra dans le fil de la
bobine extérieure, sous la double influence de l'hélice
inductrice et de l'aimantation du faisceau de fer doux.
Toutes les fois que le courant inducteur sera interrompu, il naîtra dans l'hélice induite un nouveau
courant de sens contraire au premier. En multi-
pliant le nombre des passages du courant ou, ce qui

revient au même, le nombre de ses interruptions, on produira une série de courants instantanés, si rapprochés les uns des autres et si intenses, que l'effet résultant sera supérieur à celui des plus puissantes batteries. Il nous reste à dire par quel mécanisme on obtient ces interruptions successives.

On voit en L (fig. 40), monté sur une colonne métallique, un levier métallique à deux branches, dont l'une porte une pointe qui affleure à la surface du mercure contenu dans un verre M, tandis que l'autre est terminée par une masse de fer doux, arrivant à une petite distance du faisceau de fils de fer de la bobine inductrice. Quand la pointe touche la surface du mercure, la masse de fer de l'autre branche n'est plus en contact avec le faisceau ; et réciproquement, si ce dernier contact a lieu, la pointe ne touche plus le mercure. Partons de la première hypothèse, et voyons ce qui se passe dans l'appareil. Le courant de la pile passe alors dans la colonne qui porte le verre plein de mercure, suit le liquide, la pointe en contact avec lui, la branche L du levier, descend le long de la colonne qui le porte, et par un ruban métallique va rejoindre le fil f' de la bobine inductrice. Le courant passe donc dans l'hélice inductrice, revient par f et retourne à l'autre rhéophore de la pile. Ainsi le contact de la pointe avec le mercure laisse passer le courant inducteur. Mais, au moment où ce courant commence, le faisceau de fer doux s'aimante, attire la petite masse du levier, d'où résulte le soulèvement de la branche portant la pointe : celle-ci quitte la surface du mercure et le courant est rompu. Alors l'aimantation du faisceau cesse, le contact de la masse de fer doux n'existe plus ; de nouveau la pointe plonge dans le mercure. Les mêmes phénomènes vont donc se produire de la même manière, tant que l'hélice inductrice se trouvera en communication avec la pile.

L'interrupteur à mercure que nous venons de décrire, a été imaginé par M. Léon Foucault. Il est surtout employé dans les plus puissantes bobines, et alors il est ordinairement actionné par une petite pile spéciale.

On produit encore l'ouverture et la fermeture automatiques du courant inducteur avec l'*interrupteur à marteau*, dont la figure 41 montre la disposition. Le

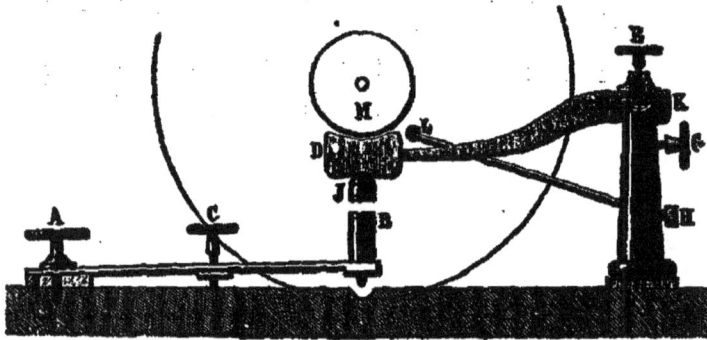

Fig. 41. — Interrupteur à marteau de la bobine d'induction.

fil de la bobine inductrice L vient aboutir à la colonne métallique isolée HG, qui porte le marteau KD, dont la masse D porte un prolongement en platine J. Avant que le courant passe, le marteau repose sur la pièce B qui sert d'enclume, garnie également de platine à sa face supérieure. Dès que le courant passe, venant du fil L, suivant la colonne HG, le marteau et la pièce BA, le noyau de fer doux de la bobine inductrice M s'aimante, attire et soulève le marteau et le courant se trouve interrompu : l'aimantation cesse, le marteau retombe sur l'enclume et le courant se rétablit. A ces fermetures et ouvertures successives du courant correspondent, ainsi qu'on l'a vu plus haut, les courants induits de la bobine extérieure, et la machine fonctionne.

On a imaginé diverses sortes d'interrupteurs parmi

lesquels nous citerons l'interrupteur à roues de Spottiswoode et les interrupteurs rapides de ce dernier
physicien et de Gordon. Ceux-ci ne donnent pas
moins de 6000 ruptures du courant par seconde.

Nous n'avons rien dit du *commutateur* C. On

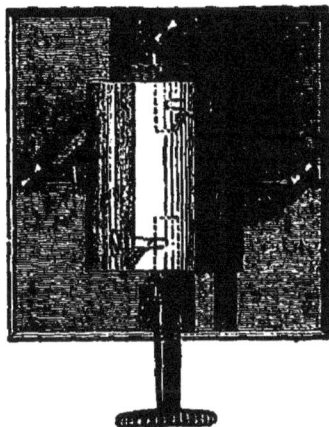

Fig. 42. — Commutateur de la machine Ruhmkorff. Plan et élévation.

nomme ainsi un appareil qui a pour objet, soit de
changer le sens du courant inducteur, soit de l'interrompre. Le commutateur de M. Ruhmkorff (fig. 42)
remplit ces deux fonctions à volonté : il est à la
fois *rhéotome* (interrupteur du courant) et *rhéotrope* (intervertisseur du courant). C'est un cylindre
de buis ou de verre, dont la surface convexe est
recouverte en partie de deux lames de cuivre C, C',

épaisses au milieu et amincies sur les bords. Ces plaques laissent entre elles à découvert deux parties de la surface du cylindre isolant. De chaque côté, deux ressorts *f*, *f'* s'appuient latéralement contre le cylindre, quand il est tourné de manière à présenter aux ressorts l'épaisseur des lames de cuivre. Si, à l'aide d'un bouton dont son axe est muni, on tourne le cylindre de 90 degrés, les lames des ressorts se trouvent en face du verre, qu'elles ne touchent pas d'ailleurs. Dans la première position, le courant passe; dans le second cas, il est interrompu. En effet, le courant arrive de la pile à la poupée A; de là, par le ressort *f*, il passe à la lame de cuivre C. Cette dernière communique par une vis *g* à l'un des tourillons du cylindre, puis au bouton D, et parcourt le circuit dont une des extrémités se trouve fixée en ce dernier point. Il revient par l'autre extrémité au bouton D', au second tourillon du cylindre, et par la vis *g'* à la plaque C', et enfin par le ressort *f'* à la poupée A', d'où il retourne à la pile. Que les ressorts *f*, *f'* ne touchent plus les plaques C, C', et le courant ne peut plus passer. L'appareil est donc bien interrupteur ou *rhéotrope*.

Mais quand le courant passe comme nous venons de le dire, il suffit de tourner le bouton de 180° pour en changer le sens. Car alors c'est la plaque C' qui touche le ressort *f*, et le courant ira de D' en D, au lieu d'aller de D en D'. Ainsi l'interrupteur de Ruhmkorff est aussi à volonté *commutateur*, c'est-à-dire *intervertisseur* du courant ou *rhéotrope*. Il fait partie de la bobine d'induction; mais il est clair qu'on peut l'employer toutes les fois qu'on aura besoin de faire, dans un courant, l'une des deux manœuvres pour lesquelles il est construit.

Quand la bobine de Ruhmkorff fonctionne, si l'on rapproche suffisamment les deux extrémités du fil de l'hélice induite, on voit se succéder une série d'étincelles, avec une rapidité telle que le jet de lumière semble continu. Il est remarquable que, des deux courants induits de sens opposé qui naissent des interruptions successives du courant inducteur, le courant direct produit seul des étincelles : la tension du courant inverse n'est pas assez forte pour qu'il traverse l'air.

Avec les premières bobines, la longueur des étincelles atteignait au maximum 8 millimètres. Peu à peu des perfectionnements, parmi lesquels il faut signaler celui de M. Fizeau, qui consiste à interposer un condensateur, une bouteille de Leyde par exemple, dans le circuit, ont permis d'obtenir des étincelles beaucoup plus longues, de 10, 20 et 30 centimètres. En donnant à l'hélice induite une longueur de fil de 120000 mètres, et en actionnant la bobine à l'aide d'une dizaine de couples de Bunsen, M. Ruhmkorff a pu tirer des étincelles de 45 centimètres de longueur : des blocs de verre ayant 1 décimètre d'épaisseur ont été percés d'outre en outre par la décharge. Les effets physiques qu'on obtient avec cette puissante machine sont extrêmement remarquables : on l'utilise pour charger des bouteilles de Leyde, des batteries électriques. C'est ainsi que M. Jamin, ayant chargé 120 bouteilles de Leyde avec quatre bobines accouplées, servies chacune par deux éléments de Bunsen, a pu fondre et volatiliser des fils métalliques de fer, d'argent et de cuivre de plus d'un mètre de longueur.

On a construit en Angleterre des bobines d'induction d'une grande dimension et d'une grande puissance. M. Spottiswoode a fait construire par M. Apps une bobine dont le poids est de 762 kilogrammes, la longueur de 1 m. 22, le diamètre extérieur de 0 m. 508. Le fil de la bobine inductrice a 546 mètres de longueur et un diamètre de 25 millimètres; celui de la bobine induite mesure 450 500 mètres. Avec 5 éléments Grove, cette bobine donne des étincelles de 71 centimètres de longueur; avec 10 éléments, la longueur atteint 0 m. 89 et avec 30 éléments 1 m. 08.

L'Institut *polytechnique* de Londres possède la plus grande bobine qu'on ait sans doute jamais construite. Elle a 3 mètres de longueur; le noyau en fil de fer pèse 46 kilogrammes, et la longueur du fil inducteur est de 3 450 mètres; il pèse 55 kilogrammes. Quant au fil induit, son diamètre n'est que de 0 mm. 4; il mesure 241 000 mètres en longueur. Cette machine, actionnée par 40 éléments Bunsen, donne des étincelles de 74 centimètres, qui percent des blocs de verre de 127 millimètres d'épaisseur.

II

Machines d'induction magnéto-électriques.

La machine de Pixii, nous l'avons dit plus haut, est le premier appareil d'induction qui ait été construit. A ce titre, elle mérite une mention, bien que l'emploi en soit depuis longtemps abandonné.

A (fig. 43) est un fort aimant permanent en fer à cheval, monté sur un axe vertical C, et pouvant tourner autour de cet axe par l'action d'une manivelle et des rouages dentés R et P. Au-dessus de l'aimant, une bobine fixe, formée de deux noyaux de fer doux, autour desquels s'enroule un fil de cuivre isolé, a ses deux extrémités ou pôles placés à petite distance de ceux de l'aimant A. Dans le mouvement de révolution de celui-ci, ses pôles s'approchent et s'éloignent alternativement, à chaque tour, des pôles de l'électro-aimant BB'. Il naît donc, dans le fil de ce dernier, un courant d'induction dont le sens change à chaque

demi-tour. A l'aide d'un commutateur convenablement disposé, que manœuvrait une came, les courants
induits étaient ramenés tous au même sens, de sorte
que les fils *a* et *b* de l'électro-aimant, d'abord par-

Fig. 43. — Machine de Pixii.

courus par des courants opposés, en sortant du commutateur en *ff* donnaient un flux continu d'électricité.

L'appareil de Pixii avait l'inconvénient d'une
manœuvre pénible, tenant au poids de l'aimant. On
reconnut, en effet, qu'il était utile d'augmenter le
poids de cet aimant permanent, tandis qu'on pouvait

rendre l'électro-aimant moins massif. Cet inconvénient suggéra l'idée de faire mouvoir ce dernier et au
contraire de rendre fixe l'aimant. De là une première
modification due à Saxton, qui en outre disposa l'aimant dans un plan horizontal et fit mouvoir la bobine
induite autour d'un axe situé dans ce plan.

Clarke vint ensuite qui, tout en laissant l'aimant'
permanent vertical, fit mouvoir la bobine en face de
ses pôles, comme on va le voir.

La machine de Clarke est représentée dans la
figure 44. Un fort aimant AB, composé de plusieurs
plaques en forme de fer à cheval, est solidement fixé
à une pièce de bois verticale, de manière à présenter ses deux pôles en face de deux bobines, munies
chacune d'un cylindre de fer doux. Les deux noyaux
de fer doux sont reliés, du côté de l'aimant, par une
plaque de cuivre, et du côté opposé par une plaque de
fer tt'. Les deux bobines ainsi disposées ne sont autre
chose, comme on voit, qu'un électro-aimant : elles
peuvent d'ailleurs tourner ensemble autour d'un axe
horizontal f, qui passe entre les branches de l'aimant
et va s'engrener derrière la planche verticale avec
une chaîne sans fin et une roue à manivelle. Quand
on met la machine en mouvement, les deux bobines
tournent autour de leur axe commun. Chacune d'elles
se présente, à chaque révolution, en face de l'un et
de l'autre pôle de l'aimant fixe AB; comme les fils,
dont leurs hélices sont formées, sont enroulés en sens
contraire, l'une d'elles est *sinistrorsum* et l'autre
dextrorsum. Il résulte de là que les courants induits,
développés dans chacune d'elles par l'approche des
deux pôles contraires de l'aimant fixe, sont de même
sens. Le sens de ces courants change quand les
bobines s'éloignent des deux pôles; mais il change
à la fois dans toutes les deux, de sorte qu'à tout instant les courants induits sont tous deux directs, ou

tous deux inverses. L'aimantation des cylindres de
fer doux fait naître en outre des courants qui augmentent l'intensité de l'action inductrice. Les deux
fils des bobines aboutissent à un *commutateur*, qui

Fig. 44. — Machine magnéto-électrique de Clarke.

sert à volonté, ainsi qu'on l'a vu, soit à conserver
au courant le même sens pendant toute la durée du
mouvement, soit à laisser le sens de ce courant changer alternativement à chaque demi-révolution.

Avec la machine de Clarke, on produit tous les
effets des électro-moteurs ordinaires, mais à un degré

de tension bien supérieur à celui des piles par exemple. Des dispositions spéciales permettent de produire, tantôt des commotions violentes, tantôt des étincelles ou des effets calorifiques, tantôt des décompositions chimiques. Dans ce dernier cas, on fait en sorte que le sens du courant reste constant; dans les autres, au contraire, le circuit doit être alternativement fermé et rompu.

Les effets physiologiques, qui exigent une grande tension et pour lesquels on emploie une bobine à fils fins et très longs, s'obtiennent par la rupture des courants induits et la production de l'extra-courant. Une disposition spéciale du commutateur permet d'obtenir ce résultat. On ajoute alors un troisième ressort qui vient appuyer contre une lame métallique particulière. La personne qui veut subir la commotion tient à la main les fils armés de poignées des bobines. Aussitôt que ce ressort touche la lame, le courant est interrompu et cesse de passer par le corps de l'observateur, qui offre une trop grande résistance. Une commotion, renforcée par l'extra-courant, est la conséquence de cette interruption qui se reproduit à chaque révolution de l'axe.

Quand on veut obtenir des phénomènes calorifiques ou lumineux, on emploie une double bobine à fil gros et court, comme le montre la figure 45.

Vers 1849, un professeur de physique à l'école militaire de Bruxelles, Nollet, fit le plan, d'après les principes de la machine de Clarke, d'une machine d'induction qui avait pour objet la production industrielle de l'électricité. Mais il mourut avant de réaliser son projet, et c'est un ouvrier collaborateur de l'inventeur, aujourd'hui l'ingénieur van Malderen, qui monta la machine de Nollet, utilisée par la *Compagnie l'Alliance*, en vue de la production de la lumière électrique. En voici les dispositions essentielles :

Seize bobines régulièrement espacées (fig. 46) sont fixées à la circonférence d'une roue en bronze ; cette roue est mobile autour d'un axe horizontal que met en mouvement une machine motrice quelconque par l'intermédiaire de courroies. La roue tourne entre deux rangées d'aimants en fer à cheval, au nombre

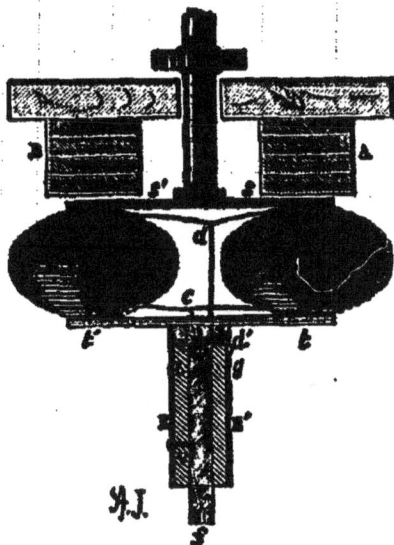

Fig. 45 — Bobine à gros fil de la machine Clarke.

de huit en chaque rangée, disposés sur un bâti circulaire, de telle façon que les huit aimants présentent à la fois leurs seize pôles régulièrement espacés en face des armatures des pôles des seize bobines, qui s'approchent ou s'éloignent en même temps de chacun d'eux.

On multiplie ordinairement dans une même machine le nombre des roues, des bobines et des aimants, ces derniers étant montés parallèlement sur le même bâti, tandis que le même axe porte les roues et leurs bobines. Les extrémités des fils de bobines sont fixées à des plateaux en bois que portent les roues, et assemblées soit en tension, soit en quantité. Quand

la machine fonctionne, à chaque fois que le mouvement amène les bobines en face des pôles des aimants

Fig. 46. — Machine d'induction électro-magnétique de Nollet et van Malderen.

les courants induits cessent et changent de sens; ces
courants se développent dans un sens, dès que les
bobines dépassent un pôle boréal par exemple, et en

sens contraire si c'est un pôle austral. Entre les deux
pôles d'un même aimant, le courant induit conserve

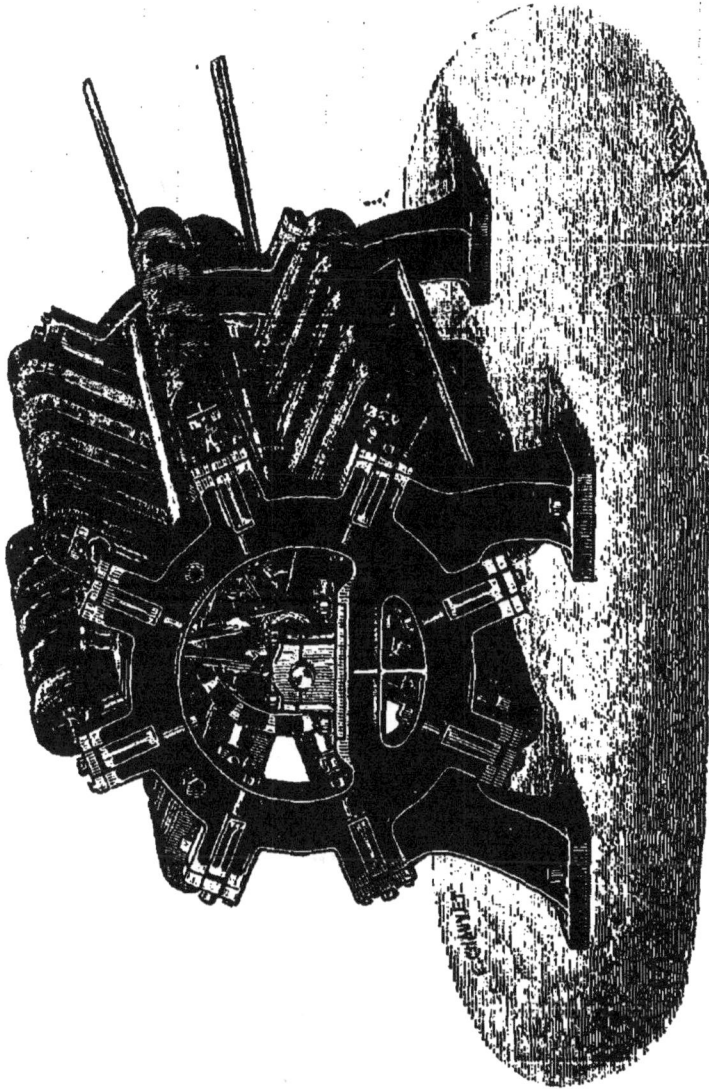

Fig. 47. — Machine magnéto-électrique de Mérlens.

la même direction; son intensité est maximum en
face de chaque pôle, c'est-à-dire au moment même où
l'interversion a lieu; elle est au minimum entre les

deux pôles. On peut, à l'aide d'un commutateur, obtenir que le courant total conserve le même sens.

La figure 46 représente une machine magnéto-électrique Nollet et van Malderen, formée de six roues portant des bobines au nombre de 96, et par suite de 56 aimants fixes. Une machine à vapeur

Fig. 48. — Machine magnéto-électrique Siemens.

imprime à l'axe une vitesse de rotation de 300 à 400 tours par minute, vitesse qui correspond par conséquent à 80 ou 100 inversions du courant par seconde.

La machine de Méritens présente à peu de chose près la même forme et la même disposition que les machines de *l'Alliance*, ainsi qu'on peut le voir par la figure 47.

La *bobine Siemens* est encore une machine d'induction magnéto-électrique basée sur le même principe que celle de Clarke; mais le perfectionnement important que la bobine a reçu de son inventeur a permis d'accroître considérablement la puissance de l'appareil, sans que son volume soit beaucoup augmenté. Les figures 49 et 50 donnent, la première la vue exté-

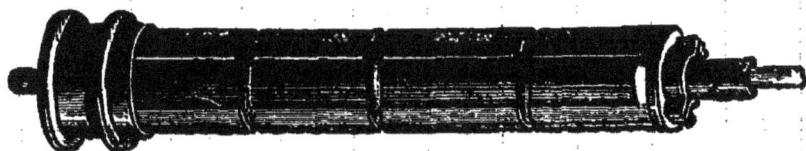

Fig. 49. — Bobine Siemens.

rieure, la seconde une coupe de la bobine induite; elles montrent en quoi consiste la modification introduite par M. Siemens. Le fil s'enroule sur un long cylindre ou noyau de fer *ab*, profondément évidé dans

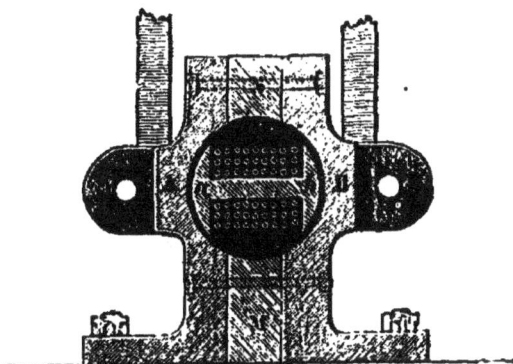

Fig. 50. — Coupe de la bobine Siemens.

toute sa longueur, de sorte que les spires sont parallèles à l'axe du cylindre. La bobine est encastrée dans une garniture métallique MN et peut tourner rapidement autour de son axe; à chaque demi-révolution, elle présente latéralement ses pôles (qui sont les parties restées nues du cylindre de fer) aux pièces A et B, en fer doux, formant les armatures de l'aimant permanent. Celui-ci est constitué par un faisceau d'aimants en fer à cheval, dont les régions polaires embrassent la bobine dans toute sa longueur Grâce à cette disposition, l'action des pôles de l'aimant sur le fil de la bobine, au lieu de s'exercer sur un espace très limité, a un champ beaucoup plus grand et l'intensité des courants induits se trouve accrue dans une proportion considérable. De plus, la stabilité de l'appareil, résultant de sa forme et de sa posi-

Fig. 51. — Commutateur de la machine Siemens.

tion, permet de donner à la rotation une grande vitesse.

La figure 51 représente le commutateur permettant de redresser à volonté le sens des courants, sens qui change à chaque demi-révolution comme dans les machines de Clarke et de Nollet. Dans la vue d'ensemble de la bobine, ce commutateur a une forme un peu différente; mais d'ailleurs l'un et l'autre sont construits d'après les mêmes principes que le commutateur de la machine de Clarke, décrit plus haut, et donneraient lieu à la même explication.

La machine de Wilde (fig. 52) n'est autre chose que la réunion de deux bobines Siemens superposées.

La plus petite bobine, qu'on voit à la partie supérieure, donne des courants induits qui, au lieu d'être directement utilisés, sont envoyés dans le fil d'un

électro-aimant AB remplaçant, dans la seconde bobine, le faisceau des aimants permanents. M est

Fig. 52. — Machine magnéto-électrique de Wilde.

l'aimant permanent de la première bobine, *m*, *n*
sont les armatures de fer doux de ses pôles. Les

courants induits redressés par le commutateur se
rendent par les bornes *p*, *q*, au fil de l'électro-
aimant AB. Les plaques de fer doux qui forment ce
dernier, réunies à leur extrémité supérieure par une
plaque de même substance servant de support à la
petite bobine, s'appuient inférieurement sur les armatures TT, qui longent la grande bobine. Celle-ci, d'un
diamètre à peu près triple du diamètre de la bobine
supérieure, est induite par l'électro-aimant dont l'aimantation est notablement plus énergique que celle
de l'aimant permanent; c'est le courant qui en résulte,
redressé s'il y a lieu, qu'on utilise extérieurement.
L'avantage de la machine de Wilde est donc tout
entier dans ce fait, que l'électro-aimant reçoit, avec
les courants induits de la première bobine, une
aimantation plus puissante que celle de l'aimant permanent inducteur. Mais elle exige, pour produire tout
son effet, une vitesse de rotation considérable, allant
jusqu'à 25 tours par seconde pour la grande bobine
et à 40 tours pour la petite.

M. Gramme, physicien et constructeur français, a
imaginé en 1870 une machine magnéto-électrique qui
résout pratiquement le problème de la production de
courants d'induction continus. Voici à l'aide de quelle
ingénieuse disposition il est parvenu à atteindre ce
but; nous verrons bientôt du reste que cette disposition est applicable aux machines dynamo-électriques
construites par le même inventeur.

S et N (fig. 53) sont les pôles de l'aimant inducteur
de la machine. Entre ces deux régions polaires, un
anneau en fer doux continu reçoit un mouvement de
rotation autour de son centre et dans son propre plan.
Par le fait même de la position de ses diverses parties
par rapport à l'aimant, l'anneau a toujours un pôle
nord qui est développé par influence vis-à-vis du
point S, et un pôle sud vis-à-vis du point N, tandis

que, aux extrémités du diamètre parallèle aux branches de l'aimant, il existe une ligne neutre. Autour
de l'anneau sont enroulées des bobines dont tous les
fils sont réunis de façon à former un circuit continu,
comme si les bobines étaient associées en tension.
Considérons l'une d'elles, et analysons ce qui se
passe par le fait de son mouvement de rotation.
Lorsqu'elle part du point milieu où se trouve la

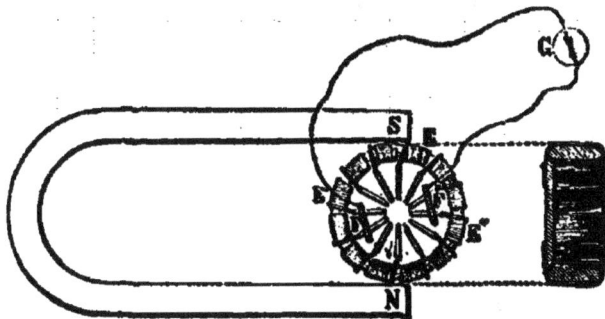

Fig. 53. — Diagramme de la machine magnéto-électrique Gramme.

ligne neutre, et qu'elle s'avance en E' du côté du
point S, il se développe dans son circuit un courant
induit dont l'intensité va aller en augmentant en con-
servant le même sens, tant que la bobine marchera
vers S; à partir de ce moment, en E, le courant
induit va diminuer d'intensité; mais le sens du courant restera encore le même, puisque la bobine se
présentera au pôle de l'aimant dans une situation
diamétralement opposée. Quand celle-ci est arrivée
à égale distance des pôles, le courant induit change
de signe. Dans la seconde moitié de la révolution, les
choses se passent de la même façon, sauf que le sens
du courant induit est opposé au sens du courant
induit pendant la première moitié. Si maintenant, au
lieu de n'envisager qu'une seule bobine, on les considère toutes dans leur ensemble, il est aisé de comprendre que celles qui sont situées dans la demi-

circonférence supérieure de l'anneau, sont parcourues par des courants induits d'intensité d'abord croissante; or ces courants s'ajoutent, puisque leur sens est le même, et que les bobines sont disposées ou associées en tension. Au contraire, toutes les bobines de la demi-circonférence inférieure de l'anneau

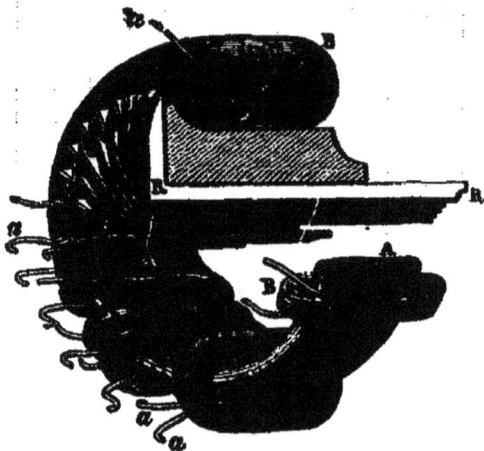

Fig. 54. — Détails de structure de l'anneau Gramme.

sont parcourues par une série de courants induits opposés aux premiers, mais s'ajoutant également.

En recueillant et unissant dans un même circuit ces deux courants totaux, on obtiendra donc un courant continu, et la machine sera en plein fonctionnement. Voici maintenant comment ce résultat est obtenu. Une série de pièces métalliques, isolées les unes des autres, mais dont chacune est rattachée au bout de fil sortant d'une bobine et au bout entrant de la bobine suivante ou voisine, rayonnent en nombre égal à celui des bobines autour de l'axe moteur de l'anneau. On les voit ensuite, recourbées à angle droit, parallèlement à cet axe, sortir du plan de l'anneau et former une sorte de cylindre de petit diamètre, tout en restant isolées les unes des autres. C'est sur ces pièces RR (fig. 54) que les courants sont recueillis. Les collecteurs sont formés de balais, ou de pinceaux métalliques formant ressort, qui appuient sur les pièces R, au moment où elles arrivent dans le plan de la ligne neutre.

On voit que, par cette disposition, les courants

Fig. 55. — Machine magnéto-électrique Gramme à aimants Jamin.

induits dans les deux moitiés de l'anneau sont réunis dans le circuit extérieur, de la même manière que les courants de deux éléments de pile associés en surface ou en quantité. Ce résultat est obtenu sans qu'on soit obligé de redresser le sens des courants par un commutateur, et la continuité est réalisée en évitant les inconvénients qui résultent de l'adjonction de ce dernier organe.

La figure 55 représente un modèle de la machine
magnéto-électrique Gramme où les aimants feuilletés
Jamin ont été adoptés. Elle est fort avantageuse
comme machine de cours, pouvant se manœuvrer
aisément à la main, et se prêtant dès lors à de nombreuses expériences sans aucun des préparatifs que
nécessite l'emploi des piles, par exemple. On l'emploie avantageusement en galvanoplastie et dans la
pratique de l'électricité médicale.

L'intensité du courant fourni par une machine
Gramme donnée varie avec la vitesse de rotation et
croît avec elle jusqu'à un maximum de 700 ou 800 tours
par minute; pour une même vitesse de rotation, elle
dépend de la longueur et de la grosseur du fil des
bobines; pour les effets de quantité, le fil doit être
gros et court; il doit être long et fin si l'on veut
obtenir des effets de tension.

III

Machines dynamo-électriques.

Jusqu'ici les machines d'induction que nous avons
décrites ont toutes pour inducteur, soit le courant
d'une pile, comme dans la bobine de Ruhmkorff, soit
la force magnétique d'un aimant permanent, comme
on l'a vu dans les machines magnéto-électriques de
Clarke, de Gramme, etc. Celles dont nous allons nous
occuper dans ce paragraphe ont pour principe l'induction qui naît sous la seule influence du magnétisme rémanent du fer doux ou de celui de la Terre.
En un mot, le courant inducteur sera lui-même donné
par un électro-aimant. L'idée de faire servir à la production de courants électro-magnétiques de puissance
croissante, grâce à l'emploi de la force mécanique,

la très faible intensité magnétique qui réside dans
un noyau de fer doux ordinaire, est venue simultanément à Wheatstone et à Siemens dans le commence-
ment de l'année 1867. On comprend l'importance de
cette découverte, si l'on se rappelle qu'à poids égal
la puissance inductive d'un électro-aimant est beau-

Fig. 56. — Machine dynamo-électrique de Ladd.

coup plus grande que celle d'un aimant permanent.

La première application de ce principe remonte à
la même époque; elle est due à un constructeur
anglais Ladd, dont la machine *dynamo-électrique*
porte le nom.

La machine de Ladd n'est autre chose, sauf la disposition des organes, qu'une machine de Wilde, à
deux bobines Siemens, dans laquelle l'aimant permanent de la petite bobine a été supprimé. L'électro-
aimant BB' (fig. 56) est formé de deux larges plaques
de fer enveloppées de fil et formant ainsi deux élec-

tro-aimants droits et parallèles. Les masses polaires
de fer doux M et N, qu'on voit sur la gauche, entourent une bobine Siemens *a'*, destinée à servir d'excitatrice, en envoyant les courants induits qui s'y
développent dans les électro-aimants, dont ils entre-
tiennent et accroissent le magnétisme. Ceux-ci ont
leurs pôles de droite également armés de deux masses
polaires M et N qui entourent une seconde bobine,
Siemens *a*, plus grosse que la première. Ce sont les
courants induits de cette seconde bobine qu'on envoie
dans le circuit extérieur et qui produisent l'électricité
qu'on veut utiliser. Les deux bobines *a* et *a'* sont
disposées de telle sorte que, lorsque la première présente ses parties non évidées aux appendices polaires
des électro-aimants, l'autre bobine se trouve à angle
droit et par conséquent vient d'abandonner les appendices qui agissaient sur elles. Deux courroies, commandées par le même tambour, mettent en mouvement les deux bobines à la fois.

A l'origine, Siemens employait une pile pour
amorcer la machine; mais il fut bientôt reconnu que
cela était inutile, et que le simple contact des noyaux
de fer doux avec un aimant permanent, ou même le
faible magnétisme développé par l'influence de la
Terre suffisaient.

Divers perfectionnements ont été apportés à la
machine de Ladd par Ruhmkorff, Gaiffe; mais l'invention de nouvelles machines dynamo-électriques
mieux conçues au point de vue du but de l'inventeur
qui était la production de la lumière électrique, l'a
fait abandonner.

Parmi ces appareils, les machines de Gramme à
électro-aimants, dont la figure 57 représente un
modèle, ont eu dès l'origine (1870) et ont encore
aujourd'hui un légitime succès. Le principe est le
même que celui de la machine Gramme à aimants que

nous avons décrite plus haut : l'emploi de l'anneau permet la production de courants continus, et la sub- stitution des électro-aimants aux aimants permanents que nous avons vue déjà réalisée dans les machines

Fig. 57. — Machine dynamo-électrique Gramme; type d'atelier.

de Wilde et de Ladd, a permis d'en augmenter gran- dement la puissance.

Dans le type de la figure 57, l'anneau Gramme tourne autour d'un axe horizontal, que met en mou- vement une poulie mue elle-même par une courroie de transmission. La rotation de la bobine se fait entre deux pièces de fer doux qui sont les armatures des électro-aimants inducteurs et qui entourent l'anneau sur les trois quarts de sa circonférence, de manière à obtenir une meilleure répartition du champ magné-

tique et à accroître les effets de l'induction. Les deux
électro-aimants sont situés, l'un à droite, l'autre à
gauche de l'anneau, et les bobines de chacun d'eux
sont dans la même verticale; ils se présentent leurs
pôles de même nom, lorsque le même courant les
traverse. Le courant induit qui se produit dans

Fig. 58. — Machine Brush.

l'anneau par suite de sa rotation passe d'abord dans
les bobines des deux électro-aimants, dont ils renfor-
cent la puissance magnétique; puis, par les balais
collecteurs que nous avons décrits plus haut, ils vont
dans le circuit extérieur, pour être utilisés selon la
destination de la machine.

Le type que nous venons de décrire, qui est dit
type d'atelier, peut être appliqué aux objets les plus
divers, dans une multitude d'industries. Il est remarquable par la simplicité de sa construction, par son
rendement en électricité qui est évalué à 85 ou 90
pour 100 du travail dépensé sur l'arbre moteur, par la
réduction du poids en comparaison de la puissance
et, comme conséquence, par la modicité relative de
son prix.

De nombreuses machines dynamo-électriques construites d'après les mêmes principes que la machine
Gramme sont aujourd'hui en usage. Nous allons en
citer deux encore, nous réservant de revenir sur les

Fig. 59. — Machine dynamo-électrique Lontin.

plus importantes des autres, quand nous aurons à
décrire les multiples applications de l'électro-magnétisme.

La machine Brush est un anneau Gramme, dont les
bobines, au nombre de huit ou de douze seulement,
séparées par un intervalle assez large, sont reliées

II.   6

deux à deux, et tournent entre les pôles de deux
électro-aimants en fer à cheval, de forme oblongue,
et disposés de telle façon que leurs pôles de même
nom tournent en face l'un de l'autre. Il résulte de
cette disposition que les courants induits sont inverses
dans les deux moitiés de l'anneau enveloppées latéralement par ces pôles, ce qui a nécessité l'emploi d'un
commutateur et de quatre frotteurs.

La figure 59 représente la machine dynamo-électrique de Lontin. Entre les branches AA d'un électro-
aimant ordinaire reposant sur une culasse de fer
tourne un noyau de fer, nommé par l'inventeur
pignon magnétique. Sur ce noyau sont adaptées et
alignées dans le sens des génératrices du cylindre,
ou obliquement en hélice, des dents de fer, dont
chacune, enveloppée de fils de cuivre isolés, forme
une bobine ou hélice. Toutes ces bobines DDD... au
nombre de quarante, réunies entre elles comme
celles de l'anneau Gramme, sont reliées de même à
un collecteur qui recueille les courants induits sur
les deux moitiés du cylindre induit.

Cette machine est surtout employée comme excitatrice de la machine à division de lumière inventée
aussi par M. Lontin, et que nous décrirons dans le
chapitre consacré à l'éclairage électrique.

CHAPITRE V

I

L'étincelle électrique.

Avant d'aborder la question pratique, aujourd'hui si universellement à l'ordre du jour, de l'éclairage par l'électricité, et que nous traiterons dans un des chapitres de ce volume, il est indispensable d'étudier les propriétés de la lumière qui se dégage dans les décharges électriques statiques ou dynamiques. Cette étude préalable nous indiquera quelles sont les conditions de la production de cette lumière, qui, par son éclat, laisse bien loin derrière elle les autres sources lumineuses artificielles.

Les décharges électriques, nous avons eu plusieurs fois l'occasion de le constater, donnent lieu le plus souvent à une production de lumière. Les premiers observateurs ont signalé les étincelles qui jaillissent des corps électrisés quand on approche le doigt de leur surface : Otto de Guericke, le docteur Wall, Gray, Dufay, Hauksbee ont commencé l'étude de ce mode intéressant de manifestation de la force électrique; Franklin a vu le fluide s'échapper sous forme

de lueur ou d'aigrette d'une pointe métallique; il a
fait plus : il a découvert ce que Gray et Wall n'avaient
fait que pressentir, l'identité de la faible étincelle et
du crépitement sec qui l'accompagne, avec les gran-
dioses phénomènes de la foudre, l'éclair et le tonnerre.
Depuis, Davy, utilisant le courant d'une pile puissante,
montra comment on pouvait faire jaillir, entre deux
cônes de charbon placés aux pôles, la plus intense
des lumières artificielles connues : l'arc voltaïque.

Tous ces effets lumineux des décharges électriques
ont un grand intérêt : leurs apparences variées,
l'étude des conditions dans lesquelles ils se produisent, sont aussi importantes à considérer, à un point
de vue purement scientifique, que les nombreuses
applications dont la lumière électrique commence,
depuis un certain nombre d'années, à être l'objet, le
sont au point de vue pratique. Nous avons déjà décrit
quelques-uns de ces effets, à propos d'expériences
curieuses qu'on fait dans les cours au moyen des
machines électriques, des condensateurs, etc. C'est
le moment, maintenant que nous connaissons les
plus puissants appareils producteurs de courants, de
compléter ce que nous avions à dire de la lumière
électrique.

Revenons au point de départ, à l'*étincelle*, qui se
produit, nous l'avons vu, toutes les fois que deux
corps chargés d'électricités opposées, à une tension
suffisamment grande, se trouvent en présence, et
qu'un intervalle non conducteur, un milieu résistant,
est interposé entre les deux corps. La tendance
qu'ont les électricités contraires à se réunir pour se
combiner et reconstituer de l'électricité neutre, se
trouvant contrariée par la résistance du milieu non
conducteur, il y a transformation de forces vives,
transformation de l'électricité en chaleur et en lumière. De là l'étincelle sous toutes ses apparences.

Ce sont ces apparences variées que nous allons maintenant passer en revue, en distinguant tout d'abord l'*étincelle* proprement dite de l'*aigrette*, de la *lueur* et de la *décharge obscure*, selon la classification de Faraday.

L'*étincelle* est cette ligne lumineuse, ce trait de feu

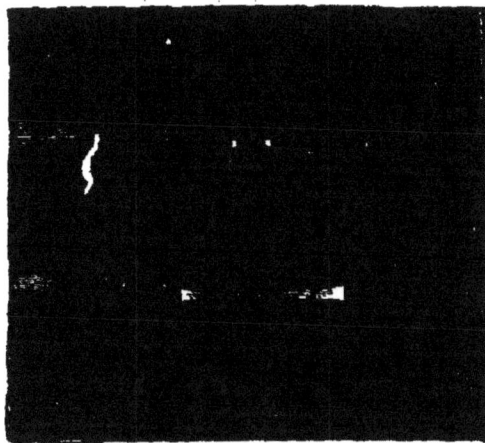

Fig. 60. — Étincelles rectilignes.

qui jaillit entre le conducteur électrisé et le plateau qu'on en approche et qui doit être, comme on l'a vu, en communication avec le sol. Si elle est courte, ou si la distance explosive est faible, l'étincelle a la forme rectiligne; elle est très brillante, d'éclat uniforme et de même largeur dans toute son étendue. Cette largeur et cet éclat dépendent du reste de la quantité d'électricité du conducteur. Si la distance augmente, l'étincelle s'allonge en restant tout d'abord rectiligne (fig. 60), mais elle s'amincit et paraît plus large et plus lumineuse à ses deux extrémités qu'au milieu.

La distance explosive vient-elle à augmenter encore, à dépasser par exemple 6 ou 8 centimètres, l'étincelle présente le plus souvent une forme irrégulière, tantôt

constituée par des traits rectilignes continus, en zigzag (fig. 61), tantôt offrant des ramifications sinueuses,
serpentines, indiquant que la résistance éprouvée
par le flux d'électricité, dans son passage d'un conducteur à l'autre, est fort inégalement distribuée. Un
physicien hollandais du dernier siècle, Van Marum, a

Fig. 61. — Étincelle en zigzag.

fait une étude détaillée de l'aspect et de la forme des
étincelles. Parmi celles qu'il a observées et dessinées,
nous en citerons une qui est bordée de pointes lumineuses normales à la courbure générale et semblant
distribuées en spirale autour du principal sillon lumineux; une autre, beaucoup moins régulière, a l'aspect
d'une artère fluviale principale, où affluent, comme
autant de petites rivières, une multitude de rameaux
lumineux. Dans ces derniers temps, divers physiciens, au nombre desquels nous citerons M. Trou-
velot, ont photographié les diverses formes d'étincelles électriques; plusieurs des dessins ainsi obtenus
par ce savant sont parfaitement semblables à ceux
qu'avait donnés Van Marum.

La couleur de la lumière des étincelles est d'un
blanc bleuâtre dans l'air atmosphérique, sous la pres-

sion normale; une légère teinte pourprée se voit aux
extrémités. La couleur varie avec la pression et aussi
avec la nature du gaz dans lequel elle se produit;
nous donnerons bientôt des exemples de ces modifications.

II

L'aigrette électrique.

A mesure qu'on accroît la distance à laquelle a lieu
la décharge, l'étincelle prend une apparence plus
compliquée; le trait de feu se ramifie de plus en plus
en s'affaiblissant à l'extrémité la plus éloignée du

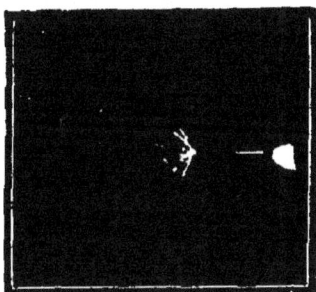

Fig. 62. — Aigrette.

conducteur et finit par se transformer en une *aigrette*.
L'aigrette est ordinairement constituée par un trait
brillant, d'où partent mille filets divergents de couleur violacée, et accompagnée d'un bruissement pareil
à celui d'un jet de vapeur. Entre le plateau et l'aigrette,
tantôt il existe un espace obscur; tantôt une masse
de lumière beaucoup plus resserrée, et ayant sa base
sur le bord du plateau, va rejoindre le sommet de
l'aigrette. Nous supposons ici que le conducteur est
chargé d'électricité positive, et alors le plateau élec-

trisé par influence est chargé lui-même d'électricité
négative. Si l'inverse avait lieu, l'aigrette à larges
ramifications s'échapperait du plateau, et l'aigrette
étroite, du conducteur. Faraday, qui a étudié les
formes des aigrettes positives et négatives, a montré
que cette différence tient à l'inégale tension des deux
électricités quand a lieu la décharge. L'électricité

Fig 63. — Aigrette ramifiée.

négative exige, pour sa décharge, une tension beaucoup moins grande que l'électricité positive.

La lumière électrique peut se produire dans différents milieux, dans l'air et les autres gaz, et même
dans les liquides mauvais conducteurs : ses apparences, c'est-à-dire sa forme et sa couleur, changent
suivant ces milieux ; et quand la décharge a lieu dans
un gaz, elles varient avec la pression ou le degré de
raréfaction de ce dernier.

Dans l'air à la pression ordinaire, nous avons vu
que l'étincelle est d'un blanc éclatant. D'après Van
Marum, qui a fait aussi sur ce sujet de nombreuses
expériences, sa couleur est bleuâtre, teintée de
pourpre, dans l'azote ; très blanche dans l'oxygène ;
rouge violacé dans l'hydrogène ; verdâtre dans l'acide

carbonique; vert-rougeâtre dans le gaz hydrogène
carboné, et blanche dans l'acide chlorhydrique.

Le tronc des aigrettes lumineuses positives est
dans l'air, à la pression ordinaire, d'une couleur violette, teintée de pourpre, tandis que les ramifications
sont plus blanches, ce qui tient peut-être à ce que la
lumière s'y trouve moins condensée. Dans les autres
gaz, la couleur des aigrettes varie, comme les expériences de Faraday l'ont fait voir : ainsi, dans l'hydrogène, dans le gaz d'éclairage, elle est légèrement
verdâtre; dans l'oxygène, elle est blanche comme dans
l'air, mais beaucoup moins belle; dans l'azote raréfié,
elle est au contraire magnifique; dans l'oxyde de carbone, l'acide carbonique, elle est courte, verdâtre
dans le premier gaz, et légèrement pourpre dans le
second.

Ces différentes formes de la lumière électrique,
l'étincelle ou trait de feu, la lueur, l'aigrette, s'observent séparément lorsqu'on se sert des machines
d'électricité statique; mais avec la bobine d'induction
on peut les obtenir simultanément. Pour faire l'expérience, on emploie une bobine assez puissante pour
donner des étincelles de 20 centimètres de longueur.
On réunit l'électrode positive à l'une des tiges de
l'excitateur, terminée en pointe, et l'électrode négative à l'autre tige, dont l'extrémité est munie d'un
plateau métallique de 15 centimètres de diamètre.
A une distance convenable, on aperçoit une lueur
autour de la pointe positive; le trait du feu jaillit avec
ses sinuosités ou ses ramifications entre la pointe et
le plateau, et enfin une aigrette faiblement lumineuse, en forme de cône, enveloppe l'étincelle et
couvre une grande partie du plateau.

Si l'on rapproche les pôles, l'aigrette se resserre,
l'étincelle augmente de grosseur et d'éclat, et finit par
se diviser en plusieurs branches. Pour une distance

plus petite que 2 centimètres, le trait de feu rede-
vient simple et il est entouré d'une auréole plus éton-

Fig. 64. — Étincelle électrique composée.

due et plus brillante. Il semble que les nombreux
traits lumineux se soient réunis et condensés en un
seul : c'est une *étincelle composée* (fig. 64).

III

La lumière électrique dans les gaz raréfiés.

Jusqu'à présent il n'a été question que de la lumière
obtenue par la décharge électrique dans l'air, ou dans
un autre gaz, à la pression ordinaire. Les phénomènes
lumineux que nous allons décrire maintenant sont
ceux qui se passent dans le vide ou dans les milieux
gazeux plus ou moins raréfiés.

Lorsqu'on fait le vide dans un tube surmonté d'un
entonnoir contenant du mercure soutenu par une
rondelle de bois coupée perpendiculairement aux
fibres, la pression précipite le liquide au travers des
pores du bois, et donne lieu au phénomène connu
dans les cours sous le nom de *pluie de mercure*. Les
gouttelettes brillantes du métal liquide s'électrisent
dans leur chute en se frottant les unes contre les
autres, et l'on aperçoit une lueur assez vive si l'on

opère dans l'obscurité. Depuis longtemps on avait
constaté la production de semblables lueurs dans le
vide barométrique, lorsque le niveau du mercure est
brusquement déplacé. Enfin on doit à Hauksbee de

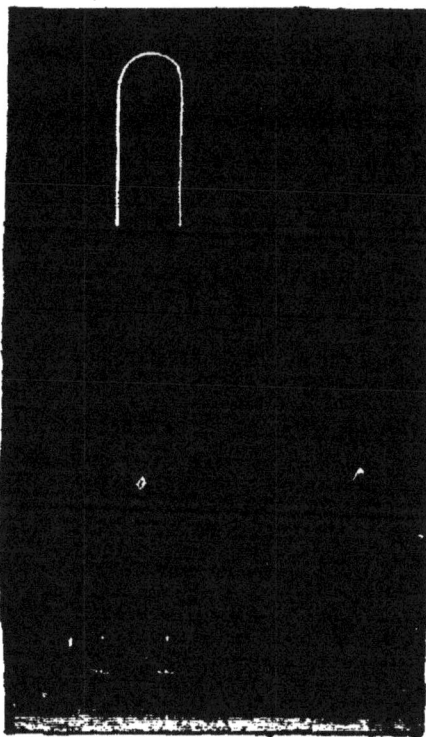

Fig. 63. — Lueur électrique dans le vide barométrique.

curieuses et nombreuses expériences sur les effets
de lumière qui se produisent dans des tubes ou des
globes de verre à l'intérieur desquels il avait fait le
vide. L'intérieur de ces vases se remplissait d'une
belle lueur pourprée, soit en faisant frotter dans le
vide deux corps comme le verre et la laine, soit en
faisant tourner le globe avec rapidité et en appuyant
la main sur sa surface extérieure. Cette lumière était
due évidemment à l'électricité développée.

Plus tard Cavendish, puis Davy, firent des expériences sur la production de la lumière électrique dans le vide barométrique et sur l'influence que la température exerce sur la vivacité de cette lumière. L'appareil de la figure 65 consiste en un tube recourbé, contenant des colonnes de mercure dans chacune de ses branches, qui plongent dans deux cuvettes isolées. On met le mercure de l'une de ces cuvettes en communication avec le sol par un fil métallique, l'autre avec le conducteur d'une machine électrique. Dès que celle-ci fonctionne, et que l'électricité passe d'une cuvette à l'autre par l'intermédiaire de l'espace vide compris entre les deux colonnes, on voit une faible lueur remplir cet intervalle. En chauffant le mercure, Davy vit la lueur augmenter d'éclat et prendre une teinte verdâtre, qui passa au bleu, puis au pourpre, par l'introduction de quelques bulles d'air. De ces expériences, Davy crut pouvoir conclure que la faible lueur observée dans le vide barométrique à la température ordinaire était due à la vapeur de mercure, puisque la lumière est plus intense à une température plus élevée, c'est-à-dire quand la production de vapeur s'accroît.

La question de savoir si la lumière électrique se produit dans le vide absolu n'était donc pas tranchée par ces expériences. Un physicien anglais, M. Gassiot, à qui l'on doit de très intéressantes expériences sur la lumière électrique dans les gaz raréfiés, a prouvé que, dans un vide suffisant, la décharge électrique ne produit plus de lumière.

Pour étudier les effets lumineux que produit la décharge électrique dans les milieux gazeux raréfiés, on se sert de l'appareil représenté dans la figure 66, qu'on nomme l'œuf électrique. Deux tiges métalliques terminées chacune par une boule et communiquant avec les garnitures également conductrices de l'appa-

roil peuvent être approchées ou éloignées à volonté.
L'œuf peut se détacher de son pied et se visser sur la
machine pneumatique, de sorte qu'on y peut raréfier

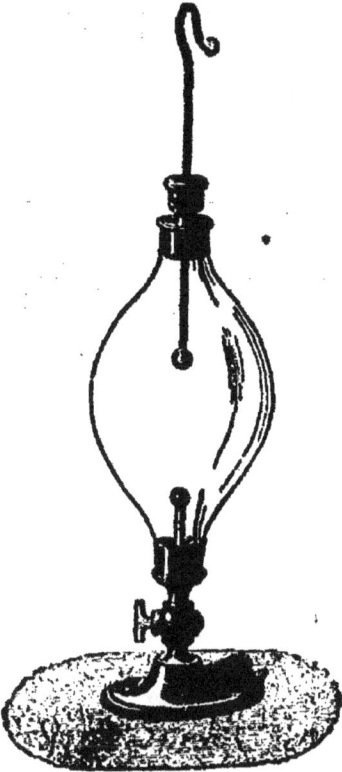

Fig. 66. — Œuf électrique.

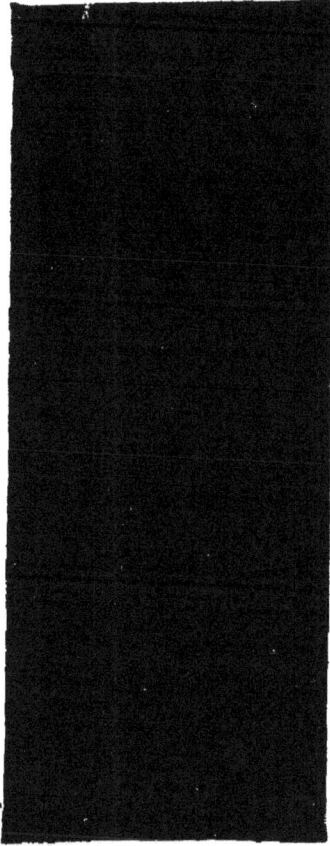

Fig. 67. — Lumière électrique dans
l'air raréfié. Bandes pourprées.

l'air à volonté, faire le vide, puis y introduire un gaz
à une pression quelconque.

Dans l'air à la pression ordinaire, l'étincelle part
entre les deux boules, toute semblable à celle que
nous avons décrite en commençant. Mais à mesure
qu'on raréfie l'air, la lumière change d'apparence :
elle s'échappe en gerbe ramifiée de la boule positive;
à la pression de 60 millimètres, elle offre l'aspect de

la figure 67. On voit qu'alors elle se compose d'un certain nombre de bandes lumineuses de couleur pourpre,
les unes divergeant latéralement, les autres venant

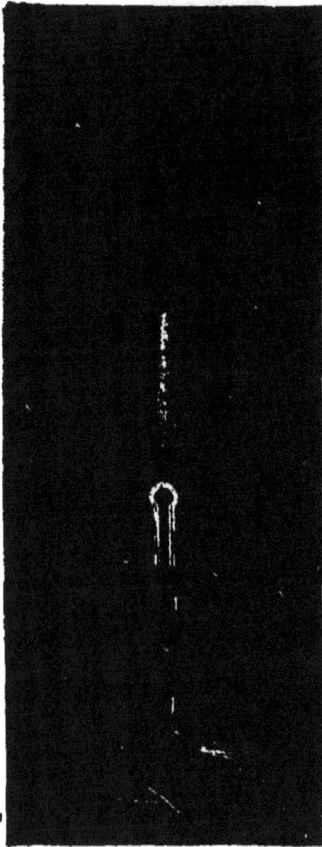

Fig. 68. — Gerbe lumineuse dans
l'air raréfié. Décharge des courants
d'induction.

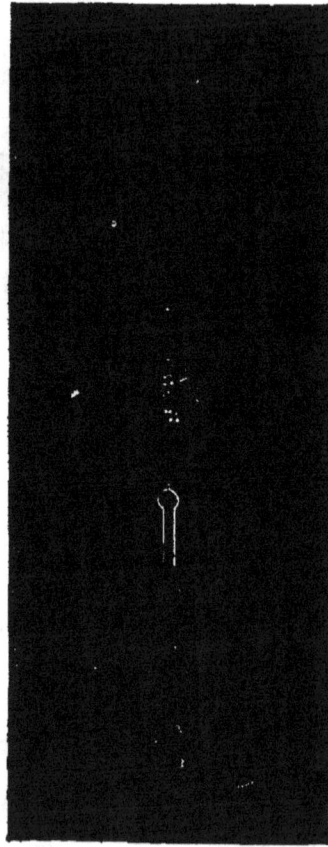

Fig. 69. — Lumière stratifiée dans
un gaz raréfié.

aboutir à la boule négative, qui est elle-même enveloppée d'une épaisse couche de lumière violacée.
Quand la pression est réduite à quelques millimètres, les bandes se réunissent en une gerbe lumineuse, en forme de fuseau.

Voyons maintenant ce qui se passe quand on

substitue les courants d'induction à l'électricité des machines électriques ordinaires.

Raréfions l'air contenu dans l'œuf électrique à la pression de 2 ou 3 millimètres, et mettons les boules intérieures en communication avec les pôles d'une bobine de Ruhmkorff. Nous verrons aussitôt une magnifique gerbe lumineuse d'un beau rouge jaillir de la boule positive, tandis que la boule et la tige négatives sont enveloppées d'une couche de lumière d'un pourpre bleuâtre. Qu'on renverse le sens du courant à l'aide du commutateur, aussitôt les deux lumières vont s'intervertir; la gerbe partira alors de la boule inférieure, tandis que l'auréole violette enveloppera la boule supérieure.

Si, avant de raréfier l'air, on a introduit des vapeurs de plusieurs substances, par exemple d'alcool, de phosphore, d'essence de térébenthine, la gerbe lumineuse prend un aspect particulier qui a été découvert presque en même temps par MM. Ruhmkorff, Grove et Quet. La lumière rouge de la gerbe se trouve interrompue transversalement par des bandes obscures, très serrées, de sorte qu'elle est alternativement formée par des strates obscures et par des strates brillantes. A partir du milieu de la gerbe, où les strates sont rectilignes, elles se courbent en deux sens opposés, de manière à regarder chacune des boules par leur concavité. C'est à ce phénomène qu'on donne le nom de *stratification de la lumière électrique.*

IV

L'arc voltaïque.

Les piles sont des producteurs d'électricité à basse tension. Il n'est donc pas étonnant qu'au moment de la séparation des rhéophores d'une pile chargée, il ne se produise pas d'étincelle, ou, du moins, qu'on n'en obtienne qu'une fort petite : c'est celle qu'on nomme l'*étincelle de rupture*. Mais si l'on emploie une pile très puissante, composée d'un très grand nombre d'éléments, et si, au lieu de fermer le circuit en mettant les fils en contact, on laisse entre leurs extrémités un petit intervalle, on voit jaillir des étin- celles très rapprochées, qui forment même une lumière continue si les deux fils sont terminés par deux cônes de charbon. C'est à cette lumière continue qu'on donne le nom d'*arc voltaïque* [1]. Davy, à l'aide d'une pile de 2 000 couples dont chacun avait 4 déci- mètres carrés de surface, obtint une lumière éblouis- sante qui jaillissait d'une façon continue dans l'inter- valle des deux pointes de charbon. Cet intervalle n'était d'abord que d'un demi-millimètre; mais, une fois la lumière produite, il put écarter les charbons jusqu'à 11 centimètres. Il vit alors un phénomène d'une grande beauté. La lumière électrique s'étendait entre les deux électrodes sous la forme d'un arc con- vexe vers le haut, et d'un éclat si intense, que l'œil pouvait à peine le supporter. Dans le vide, la lon- gueur de l'arc voltaïque est plus grande que dans l'air. Depuis Davy, la production de l'arc voltaïque a été rendue plus facile, grâce aux appareils d'induction que nous avons décrits dans le précédent chapitre, grâce aussi à la substitution du charbon de cornue au charbon de bois calciné, tel que l'employait Davy [2].

---

1. La dénomination d'*arc voltaïque* est due à cette circon- stance, qu'à l'origine on disposait les charbons sur une ligne horizontale; le mouvement ascendant des couches d'air échauf- fées faisait courber la ligne lumineuse qui jaillissait entre les électrodes; cette incurvation n'existe plus quand on dispose les charbons verticalement; mais la dénomination primitive a continué d'être employée, bien que l'apparence du phénomène cesse alors de la justifier.

2. Davy se servait de baguettes de charbon de bois éteintes

L'arc développe une chaleur d'une intensité extrême: les métaux y fondent comme de la cire dans la flamme d'une lampe. Les corps les plus réfractaires ont été fondus et volatilisés par Despretz, d'abord à l'aide d'une pile de 600 couples, puis par l'emploi des appareils d'induction. Les oxydes de zinc et de fer, la chaux, la magnésie, l'alumine furent réduits en globules; du graphite, volatilisé, déposa sur les électrodes une poussière qui, examinée au microscope, fut reconnue comme formée de très petits cristaux de forme octaédrique; avec cette poudre on put polir des rubis, d'où l'on a conclu que le graphite, qui est, comme le diamant, du carbone pur, s'était cristallisé sous l'influence de la chaleur intense de l'arc, et transformé en très petits diamants.

On vient de voir qu'il faut, pour que l'arc lumineux se produise, placer les pointes de charbon très rapprochées l'une de l'autre; mais, une fois que le courant a vaincu la résistance de l'air interposé et produit la lumière, on peut écarter les cônes; Davy, en opérant dans l'air raréfié, a obtenu, avec sa puissante pile de 2000 couples, un jet de lumière de 18 centimètres de longueur. L'intensité lumineuse de l'arc voltaïque est si considérable, que l'œil en peut à peine supporter l'éclat. D'après des expériences comparatives dues à MM. Fizeau et Foucault, cette intensité est près de cinquante fois celle de la lumière Drummond, c'est-à-dire de la lumière déjà si vive qu'on obtient en dirigeant sur un fragment de chaux

dans l'eau ou dans le mercure. C'est à Foucault que l'on doit l'usage du charbon des cornues à gaz, qui est plus dense, plus homogène et plus résistant. Il le taillait en baguettes prismatiques carrées de 2 ou 3 millimètres de côté; on a depuis cherché à purifier le charbon de cornue; on a essayé de le remplacer par diverses combinaisons ou mélanges. Nous parlerons des substances adoptées par les inventeurs des divers systèmes d'éclairage électrique.

un jet enflammé de gaz oxyhydrogène; la lumière
solaire n'a guère qu'une intensité triple de celle de
l'arc voltaïque. Ces deux savants opéraient avec une
pile de Bunsen de 92 couples, disposés en deux séries.
Il s'agit ici, bien entendu, de la comparaison de l'éclat
intrinsèque. Nous verrons plus tard, dans les applications de la lumière électrique à l'éclairage, quel est
le pouvoir éclairant de l'arc voltaïque.

La longueur de l'arc, comme l'a remarqué Despretz, dépend du nombre des éléments de la pile et
de leur disposition. Ayant employé des piles de 50,
100, 200 et 600 couples, la longueur de l'arc obtenu
allait en croissant d'abord de 1 à 4; mais cette proportion ne continuait pas : l'arc donné par 200 couples n'était plus guère que le triple de celui de 100,
et celui de 600 était seulement de sept à huit fois plus
long.

En étudiant le phénomène si intéressant de l'arc
voltaïque, on a reconnu que le courant d'électricité
qui passe d'une manière continue entre les deux
cônes, entraîne de l'un à l'autre des particules de
charbon très ténues : ce transport de matière se fait
avec plus d'abondance du pôle positif au pôle négatif,
de sorte que les charbons s'usent inégalement : le
charbon négatif grossit donc aux dépens de l'autre.
La figure 70 montre l'apparence des deux cônes vus
par projection et agrandis. Elle représente l'effet
d'un courant continu d'une pile de Bunsen sur les
deux charbons qui réunissent les pôles; comme nous
venons de le dire, l'un des charbons grossit aux
dépens de l'autre; celui qui s'use le plus est le charbon
positif, c'est lui qui communique avec le côté charbon
de la pile; s'il est moins pointu que l'autre, c'est bien
qu'il perd de la matière tandis que l'autre en gagne.
Vient-on à intervertir le sens du courant, on voit
alors le charbon qui tout à l'heure était le plus pointu

s'épointer, tandis que l'autre s'effile ; d'ailleurs de temps en temps quelques parcelles plus grosses se

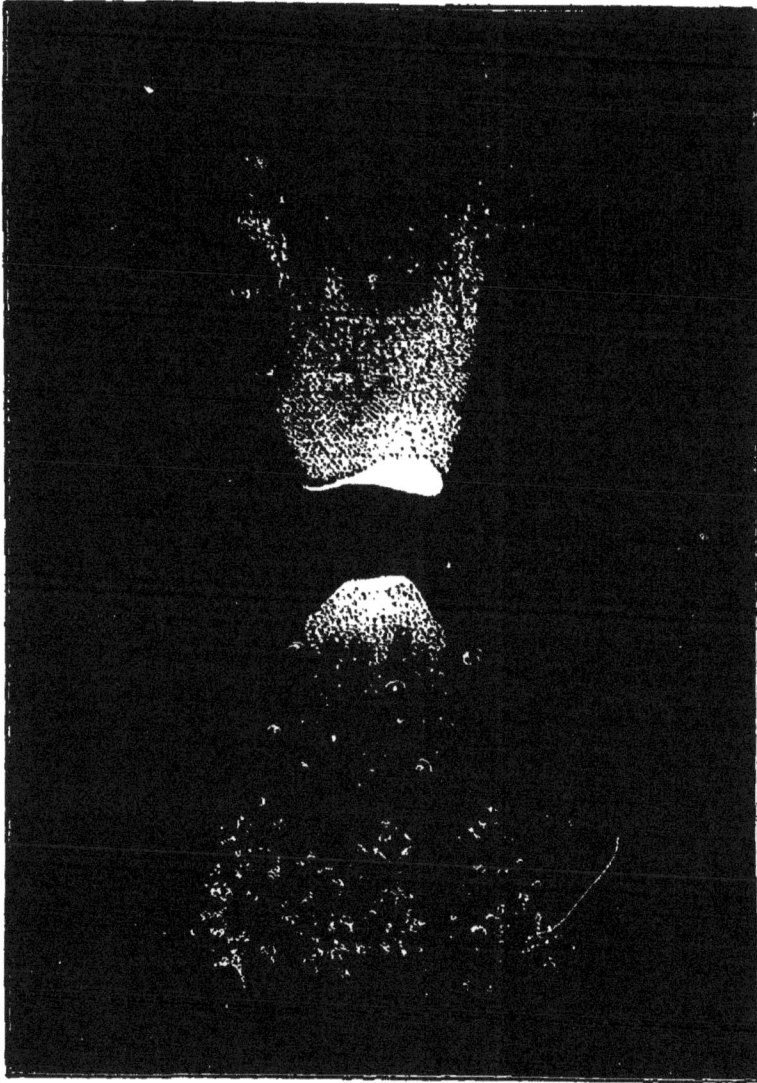

Fig. 70. — Arc voltaïque. Cône de charbon.

détachent, traversent l'espace sous forme de petites masses incandescentes et indiquent bien le sens du transport. De petits globules bouillonnent çà et là à la surface des charbons : ce sont des globules de silice fondue; ces globules n'apparaissent pas aux points des charbons où la température est la plus élevée : ils sont volatilisés avant que l'usure des charbons les ait atteints.

C'est ce transport des particules d'un pôle à l'autre dans l'arc qui explique comment il se fait qu'après avoir fait jaillir la lumière en maintenant au début les charbons très voisins l'un de l'autre, on peut ensuite les écarter progressivement. Ces particules forment comme une série de conducteurs discontinus, entre lesquels l'étincelle éclate : l'arc est constitué par la réunion de toutes les lumières partielles qui résultent de ces décharges.

La longueur de l'arc, nous l'avons vu plus haut, dépend du nombre des éléments de la pile; elle dépend aussi de la substance des électrodes. Les corps les plus fusibles et doués de la moindre ténacité donnent les arcs les plus longs. D'après Grove, les métaux peuvent se ranger, à ce point de vue, dans l'ordre suivant, en commençant par ceux qui donnent les arcs les plus longs et aussi les plus brillants : *potassium, sodium, zinc, mercure, fer, étain, plomb, antimoine, bismuth, cuivre, argent, or, platine.*

CHAPITRE VI

DES MESURES ET DES UNITÉS ÉLECTRIQUES

I

Nécessité des mesures électriques.

Les progrès d'une science ne se mesurent pas seulement à l'abondance ou à la variété des phénomènes découverts, des faits mis en évidence par l'observation expérimentale; ce sont les lois qui enchaînent ces faits et ces phénomènes qui constituent à vrai dire la science véritable. Or ces lois expriment les rapports précis, c'est-à-dire susceptibles d'évaluation numérique, liant les données entre elles et permettant de reproduire à volonté, dans des conditions identiques, telle ou telle expérience due à un chercheur. Cela exige que l'on sache, que l'on puisse effectuer des mesures et, par conséquent, que l'on ait un système d'unités et d'étalons adaptés à la mesure numérique des données de chaque espèce.

La science de l'électricité devait, comme toutes les autres branches de la physique, subir cette nécessité qui est la condition des progrès de la science, d'autant plus exigée que les découvertes sont plus abondantes, mais qui devient tout à fait impérieuse lors-

que, de la science pure et de la théorie, on passe aux
applications industrielles. Tant que les travaux des
électriciens se sont bornés à des recherches de laboratoire, chacun d'eux se faisait, pour son usage per-
sonnel, des appareils ayant pour objet la mesure des
diverses données, force électro-motrice, intensité
des courants, résistances des conducteurs interposés
entre les pôles : les galvanomètres, les rhéostats, les
boussoles des sinus et des tangentes leur fournissaient les moyens de faire avec précision ces mesures.
Seulement, comme les graduations différaient le plus
souvent en passant d'un laboratoire à l'autre, il en
résultait des inconvénients, au nombre desquels l'obli-
gation de calculs plus ou moins longs et pénibles,
lorsqu'il s'agissait de comparer les résultats dus à
des chercheurs différents.

Ces inconvénients seraient devenus de graves obstacles pour les applications industrielles de l'électricité. Ils devinrent surtout très sensibles lorsque s'éta-
blirent et commencèrent à fonctionner les premiers
câbles transatlantiques. Les promoteurs de ces har-
dies entreprises rencontrèrent, dans la pratique, des
difficultés que les lignes télégraphiques aériennes
n'avaient pas fait prévoir, et notamment l'irrégularité, les lacunes, la lenteur de la transmission des
signaux. Pour les surmonter, ils s'adressèrent à des
hommes de science, parmi lesquels l'illustre physicien anglais W. Thomson. Il fallut étudier à nouveau
la question difficile du passage des courants dans des
conducteurs spéciaux, isolés, mais entourés d'un
milieu essentiellement conducteur, l'eau de mer, la
dérivation ou la déperdition qui en pouvait résulter,
toutes recherches qui exigeaient des mesures précises. On a vu plus haut, dans le paragraphe consacré
aux galvanomètres, les appareils imaginés dans ce
but par l'éminent physicien anglais. Il sentit en outre

la nécessité de faire choix d'unités qui ne fussent pas arbitraires, et dont la définition rationnelle pût être adoptée par les électriciens de tous les pays. Il réussit, avec le concours des savants anglais ses collaborateurs, à définir un système de mesures électriques qui, adopté par la célèbre *Association britannique pour l'avancement des sciences*, a servi de base ou, si l'on veut, de point de départ aux travaux du Congrès des Électriciens réuni à Paris en 1881 et, avec quelques modifications de détail, a été généralement adopté par les électriciens des diverses contrées d'Europe et d'Amérique.

Essayons de donner une idée aussi claire et aussi exacte que possible de ce système de mesures électriques.

II

Système d'unités électriques C. G. S.

Et d'abord, quelles sortes de quantités s'agissait-il de mesurer? Des tensions électriques, des intensités de courant, des résistances, de la force ou du travail, etc., toutes choses qui, en mécanique générale, exigent qu'on évalue des longueurs, des poids ou des masses, des durées.

La première question qui se pose est donc celle-ci : faire choix d'une unité de *longueur*, d'une unité de *poids* ou de *masse*, d'une unité de *temps*. En ce qui regarde le temps, il n'y avait pas à hésiter, puisque tous les peuples civilisés ont la même mesure commune, qui est la durée du jour moyen, ou ses subdivisions, heures, minutes, secondes; c'est la *seconde* qui a été adoptée par les savants anglais. Pour les deux autres unités, de longueur et de masse, ils se sont adressés au système métrique, qui se répand de plus en plus et que les savants des deux mondes emploient aujourd'hui à peu près exclusivement. Le *centimètre* comme unité de longueur, le *gramme* comme unité de poids ou de masse ont été pareillement adoptés.

Ces trois premières unités sont toutes mécaniques, elles n'ont rien de particulièrement électrique ; il fallait d'ailleurs y joindre la définition des unités de force et de travail. Concevons la force nécessaire pour communiquer à la masse d'un gramme une accélération d'un centimètre par seconde : c'est ce qu'on a pris pour unité de force, à laquelle on a donné le nom de *dyne*. Quant à l'unité de travail ou *erg*, c'est le travail d'une force capable de transporter la masse d'un gramme à un centimètre de distance en une seconde.

L'ensemble de ces unités purement mécaniques a reçu le nom de *système centimètre-gramme-seconde*, ou, pour abréger, *système* C. G. S.

Voyons maintenant comment, à l'aide de ces unités, on a défini les unités électriques, quels noms on a choisis pour les désigner et comment on a pu en déduire les étalons propres à effectuer réellement les mesures des quantités qu'elles doivent servir à évaluer.

Les savants anglais avaient le choix entre deux systèmes d'unités, suivant qu'ils les déduiraient des phénomènes électro-statiques, ou des phénomènes électro-magnétiques : c'est ce dernier système qu'ils ont adopté et, après eux, qu'a adopté le Congrès des Électriciens.

On sait que si deux quantités de magnétisme sont en présence à une certaine distance, il y a entre elles répulsion. Supposons les quantités en question égales entre elles et séparées par la distance d'une unité, c'est-à-dire d'*un centimètre*, elles se repoussent mutuellement avec la force d'*une dyne* : c'est l'une de ces quantités qui est prise pour unité. Première définition.

Soit maintenant une portion de circuit d'un centimètre de longueur et dont tous les points soient situés à une distance d'un centimètre d'un point qui renferme l'unité de magnétisme. On sait aussi, en se reportant aux lois de Faraday, qu'un courant pareil exerce sur l'élément magnétique une force qui tend à le déplacer dans un sens perpendiculaire au plan qui renferme l'élément de courant ainsi que le point magnétique. Cette *intensité* du courant est prise pour unité, si la force en question est égale à une dyne.

Les mêmes lois nous ont montré que, si l'on déplace un point magnétique dans le voisinage d'un circuit, ce déplacement fait naître une *force électro-motrice* d'induction. Cette force est dite égale à l'unité si le point magnétique égal à l'unité s'est déplacé d'un centimètre perpendiculairement au plan commun.

Enfin l'*unité de résistance* est celle qui est telle que l'unité de force électro-motrice y produise un courant d'une intensité égale à l'unité.

Les trois unités que nous venons de définir sont dites des unités *absolues*, parce qu'elles sont basées sur des unités qui, elles-mêmes, n'ont rien d'*arbitraire*, le centimètre, le gramme, la seconde [1].

Voilà donc, en tout cas, les principales unités électriques définies. Mais ce n'est que la moitié de la tâche que s'étaient imposée les savants électriciens; de l'idée pure il fallait passer à sa réalisation, de la théorie à la pratique; un système de mesures exige

---

1. M. Lippmann fait à ce sujet la comparaison que voici :
« Une personne qui loue une voiture *à la course* ou qui achète du bois *au fagot* se contente de mesures arbitraires; si au contraire elle prend la voiture au kilomètre et le bois au kilogramme, elle fait usage de mesures absolues ».

que l'on puisse fabriquer des étalons matériels, à l'aide desquels chaque espèce de quantités puisse être réellement mesurée. Là, de nouvelles difficultés, de nouveaux problèmes à résoudre se présentaient.

En premier lieu, on s'aperçut que les unités électriques absolues sont si petites, qu'elles ne pouvaient être représentées aisément par des étalons matériels. Prenons-en un ou deux exemples. L'unité de force C. G. S., nous venons de le voir, est la force capable de communiquer une accélération d'un centimètre par seconde à la masse d'un gramme. Il faudrait, à Paris ou à la latitude de 45° environ, que l'intensité de la pesanteur devînt 981 fois plus petite qu'elle ne l'est actuellement, pour que le poids du gramme se réduisît à une dyne : la dyne n'est donc que la 981° partie du poids d'un gramme, guère plus d'un milligramme. Quant à l'*erg*, ou unité de travail, il est égal au kilogrammètre divisé par 981 000 et en en outre par 100, c'est-à-dire qu'il n'en est guère que la cent-millionième partie. « L'ingénieur, aujourd'hui, dit sur ce point notre savant électricien M. Lippmann, est aussi intéressé que le physicien à mesurer le travail électrique, c'est-à-dire à connaître en fonction des données électriques, résistance, forces électromotrices, le travail absorbé par une machine dynamoélectrique, par un arc voltaïque, par une lampe à incandescence, par une auge galvanoplastique, ou encore le travail rendu par un moteur dynamo-électrique, lorsqu'on le fait servir à la transmission du travail. Ainsi les problèmes les plus intéressants et les plus fréquents que l'on ait à résoudre à l'aide du système C. G. S. aboutissent à un résultat qui représente du travail. Or l'unité de travail C. G. S., l'erg, vaut environ un cent-millionième de kilogrammètre. L'erg est donc le travail accompli en une seconde par une mouche qui monte le long d'une vitre !

Sachant que le cheval-vapeur revient à 5 centimes l'heure, et qu'il contient 7 milliards 500 millions d'ergs, on trouve aisément ce qu'est la valeur de l'erg [1]. Cette unité est donc aussi incommode pour tous les usages qu'une unité de longueur égale à la cent-millième partie du millimètre. »

Ces conséquences mathématiquement rigoureuses entraînaient la nécessité d'adopter, pour la pratique, des unités électriques moins petites. Sans abandonner les unités absolues, on convint de prendre des multiples convenables de ces unités, et en même temps de donner à chacune d'elles un nom particulier. Pour cela, on prit les noms des savants qui ont fait, en électricité, les découvertes les plus importantes ou les travaux les plus remarquables. Voici ce qui a été décidé d'un commun accord dans le Congrès des Électriciens dont il a été question plus haut :

L'unité de résistance est l'*ohm*, qui vaut 10^9 ou un milliard d'unités absolues de résistance [2].

L'unité de force électro-motrice est le *volt*, équivalant à cent millions ou 10^8 unités absolues.

L'unité d'intensité de courant est l'*ampère*, qui vaut 1 dixième ou 10^{-1} en unité absolue. (Ici, l'unité absolue est 10 fois aussi grande que l'unité secondaire.)

On a encore donné les noms de *coulomb* et de *farad* aux unités de quantité d'électricité ou de capacité

---

1. C'est-à-dire pour une heure de travail, $\dfrac{0 \text{ fr. } 05}{7\,500\,000\,000}$, la quinze-cent-millionième partie d'un centime.

2. Ohm est le savant électricien à qui l'on doit les lois qui portent son nom. L'une de ces lois lie précisément les trois quantités électriques de résistance, de force électro-motrice et d'intensité par cette simple relation $I = \dfrac{E}{R}$, où I est l'intensité d'un courant, E la force électro-motrice totale du même courant et R la résistance totale du circuit.

électrique; puis ceux de *joule* et de *watt*, aux unités d'énergie électrique et de travail.

L'unité de quantité ou *coulomb* est la quantité d'électricité qui traverse en une seconde un conducteur d'un ohm parcouru par un courant d'un ampère. Elle vaut 10^{-1} en unités absolues.

L'unité de capacité ou *farad* est celle d'un condensateur dont les armatures sont chargées d'un coulomb pour une force électro-motrice ou une différence de potentiel d'un volt. Un farad vaut 10^{-9} en unités absolues.

Les cinq unités que nous venons de définir sont les seules qu'avaient adoptées les électriciens du congrès de 1881, en leur donnant, ainsi qu'on vient de le voir, les noms des illustres savants dont les travaux ont constitué la science de l'électricité, Ohm, Volta, Ampère, Coulomb, Faraday. Mais depuis, sous l'empire de la nécessité, on y a joint le joule et le watt, le premier correspondant à notre kilogrammètre, le second au kilogrammètre par seconde.

Le *joule* est le travail fourni par une quantité d'électricité agissant avec la force électro-motrice d'un volt.

Le *watt* est la puissance d'un courant dont l'intensité est d'un ampère agissant avec une force électromotrice d'un volt.

Le joule est égal à $\frac{1}{9,81}$ kilogrammètre, et le watt équivaut à $\frac{1}{9,81}$ kilogrammètre par seconde.

III

Étalon de résistance. — L'ohm légal.

Telles sont les principales unités, tant absolues que secondaires, du système C. G. S., que l'on emploie aujourd'hui partout où il s'agit de mesurer des quantités électriques. Elles sont d'un tel usage qu'il était indispensable de donner leurs définitions théoriques et pratiques, sous peine de ne rien comprendre aux publications qui ont pour objet les applications variées de l'électricité.

Toutefois il nous reste à dire comment on a procédé pour réaliser celles qui sont susceptibles d'être matériellement représentées, en un mot comment on est parvenu à fabriquer des étalons représentatifs de ces unités.

Grâce aux relations qui existent, d'après des lois connues, entre les diverses grandeurs électriques, on peut déduire par le calcul, l'une d'entre elles étant déterminée, successivement toutes les autres. C'est l'ohm qui a été choisi, comme la plus simple à réaliser matériellement, puisqu'une résistance électrique peut toujours être donnée par la longueur d'un conducteur, d'un fil métallique par exemple.

L'ohm étalon a été déterminé expérimentalement par une commission de savants pris au sein du Congrès. Pour donner une idée de la précision avec laquelle cette recherche devait être conduite et des difficultés qu'elle présentait, nous ne pouvons mieux faire que de citer encore le savant dont la notice nous a déjà fourni plusieurs fragments.

« On sait qu'un fil de métal que l'on intercale sur le passage d'un courant électrique affaiblit ce courant; il lui oppose une certaine résistance, et cette résistance électrique varie comme la longueur du fil. Il en résulte que l'on peut comparer et mesurer les résistances entre elles comme on mesure des longueurs. On sait aussi que cette mesure des résistances est une des opérations les plus importantes et les plus précises de l'électricité. Pour que les mesures de résistance demeurent partout comparables entre elles, il faut qu'elles se rapportent à un étalon de résistance toujours le même et qui joue pour cette mesure le même rôle que le mètre étalon conservé aux Archives pour la mesure des longueurs. La condition essentielle que doit accomplir un étalon est d'être toujours égal à lui-même, d'être constant. Or cette condition essentielle n'est pas aussi facile à remplir qu'on pourrait le croire au premier abord.

« Rien ne semble plus inerte et plus morne à un passant inattentif qu'une barre ou un fil de métal qu'on laisse reposer au fond d'une vitrine. Rien de plus mobile cependant, de plus insaisissable que ce même morceau de métal, à condition qu'on y regarde de très près et il faut y regarder de très près, lorsqu'on entreprend de construire un étalon international. En réalité, un morceau de métal, un corps solide quelconque, c'est un monde inconnu dont la structure intérieure, très complexe et très variable, nous échappe ; nous ne pouvons l'étudier que du dehors, et nous constatons du dehors que ses propriétés physiques, et en particulier sa résistance électrique, varient avec le temps d'une manière que l'on ne peut prévoir. Pour mieux marquer qu'un fil d'archal, par exemple, n'est pas un vil amas de molécules inertes, rappelons l'expérience suivante, qui est curieuse, et qui montre que ce fil d'archal possède même de la mémoire. Si on le tord dans un certain sens, il garde quelque temps une torsion dans ce sens, ce qui ne paraît pas étonnant. Mais vient-on à le tordre vers la droite, puis vers la gauche, puis vers la droite, etc., et à l'abandonner enfin à lui-même, on constate que le fil d'archal garde d'abord une portion de la dernière torsion qu'il vient de subir, puis qu'il revient au zéro, qu'il se tord ensuite de lui-même dans le sens de l'avant-dernière torsion, puis qu'il revient vers la droite, dans le sens de la torsion antépénultième, et ainsi de suite ; en un mot le fil d'archal exécute spontanément une série de petits mouvements qui récapitulent, mais dans l'ordre inverse, les déformations successives qu'on lui a fait subir.

« La résistance électrique d'un fil varie d'une manière sensible avec sa structure intérieure, avec son état d'écrouissage ou de recuit, et cet état d'écrouissage varie avec le temps. Le passage même du courant suffit quelquefois pour changer la résistance. Sans doute, ces variations sont, en général, assez faibles et, avec des précautions appropriées, on arrive à les rendre négligeables, sans quoi il n'y aurait pas de météorologie ni de physique possibles ; il n'en est pas moins vrai qu'il y a là une difficulté inhérente à l'emploi des conducteurs solides. La commission des unités l'a tranchée heureusement en décidant que l'étalon de résistance serait faite d'un métal liquide, le mercure. On prendra pour étalon de résistance une colonne de mercure à 0 degré, de 1 millimètre de section [1]. »

Il restait à déterminer la longueur de cette colonne pour qu'elle répondît à la définition qui faisait de l'ohm le multiple 10^9 de l'unité absolue de résistance C. G. S. De minutieuses et nombreuses expériences ont fait adopter par la commission le chiffre de 106 centimètres. Voici donc enfin la définition qui en résulte pour l'étalon de l'unité de résistance de ce qu'on nomme l'ohm légal :

L'ohm est la résistance qu'oppose au passage d'un courant une colonne de mercure de 106 centimètres de longueur, de 1 millimètre carré de section, à la température de 0 degré centigrade.

Nous bornerons là l'exposé que nous avons cru devoir faire de cette importante question des unités

---

1. G. Lippmann, *les Unités électriques* (*Rev. Scient.*, t. XXVIII).

électriques. Les définitions et les explications qui les accompagnent suffiront, nous l'espérons du moins, pour que nos lecteurs ne soient pas embarrassés, quand ils rencontreront les expressions qui les désignent : ohm, volt, ampère, etc. Des appareils ont été imaginés pour permettre la mesure pratique des quantités électriques ; les uns sont des compteurs destinés à totaliser soit la quantité d'électricité, soit la tension, soit les deux facteurs à la fois, indiquant la dépense d'énergie d'une machine, d'une lampe à arc ou à incandescence, etc. On a fait des *volt-mètres*, des *ampère-mètres*, des *coulomb-mètres*, dont les noms indiquent suffisamment la fonction. Les principes qui servent de base à ces appareils sont tantôt la force d'électrolyse, volume des gaz dégagés dans la décomposition de l'eau, ou poids de cuivre déposé, tantôt les oscillations d'un pendule terminé par un aimant et actionné par une bobine qui reçoit la dérivation du courant. Une description détaillée nous entraînerait beaucoup trop loin. Contentons-nous de citer les compteurs d'Edison, d'Aron, de Lippmann, de Hummel, de sir W. Thomson, de Cardew, de Vernon-Boys, etc., qui sont employés en Europe et en Amérique.

QUATRIÈME PARTIE

LES APPLICATIONS DU MAGNÉTISME
ET DE L'ÉLECTRICITÉ

Les premières applications un peu importantes
de l'électricité datent d'un demi-siècle à peine. A la
vérité, elles prirent tout de suite une grande importance. Nous avons donné ailleurs [1] l'histoire de ce
développement pour la télégraphie électrique; on
verra dans ce volume l'extension industrielle de la
galvanoplastie, dont les premiers essais remontent
à 1838.

Mais depuis, parallèlement à ces deux brillantes
ou utiles applications des propriétés mécaniques et
chimiques de l'électricité, il en est surgi d'autres avec
une si prodigieuse et merveilleuse abondance, que
des volumes ne suffiraient certainement pas à les
décrire. Nous nous bornerons donc nécessairement
à la description de celles qui, par leur importance
autant que par leur diffusion, paraissent entrées dé-
cidément dans le domaine de la pratique courante.
De ce nombre, outre la télégraphie électrique et la
téléphonie que nous rappelons seulement ici pour
mémoire, un volume spécial de cette collection leur
étant consacré, outre la galvanoplastie que nous allons

---

1. Voir le volume de la *Petite Encyclopédie populaire*, LE
TÉLÉGRAPHE ET LE TÉLÉPHONE.

décrire, se trouve en première ligne l'éclairage électrique, avec tout l'attirail obligatoire des machines
inventées en vue d'obtenir la lumière électrique dans
les conditions exigées par son emploi en grand ou
au contraire par son application à des usages res-
treints ou privés. Un problème d'un grand intérêt
pour l'avenir, et qui paraît en bonne voie de solution,
est celui du transport à distance de la force par l'électricité; nous dirons où en est ce problème.

Quant à l'innombrable série des applications particulières de l'électricité aux sciences, à l'industrie et
aux arts, nous devrons nous contenter d'en décrire
quelques-unes, d'en mentionner d'autres. Elles peuvent d'ailleurs, comme les précédentes, se classer en
un petit nombre de catégories, d'après l'espèce des
propriétés de l'électricité qu'elles utilisent. Les unes,
comme la télégraphie, sont basées sur la fidélité et la
rapidité de transmission des petits mouvements qui
résultent de l'action intermittente des courants; ici
l'électricité est employée comme force motrice, il
est vrai, mais sans préoccupation de la quantité de
travail à fournir. L'horlogerie électrique, la transmission électrique de l'heure, la chronographie
appartiennent à cette catégorie d'applications. La
galvanoplastie est basée sur les propriétés chimiques
des courants; les appareils d'électricité médicale, sur
leurs propriétés physiologiques.

CHAPITRE I

————————

I

Moteurs électriques oscillants.

Dans la télégraphie, dans l'horlogerie électrique, c'est la force vive des courants de la pile ou des courants d'induction qui est le principe des mouvements à l'aide desquels s'effectuent et se transmettent les signaux; en un mot, l'électricité y est employée comme agent mécanique ou force motrice. Toutefois, dans ces divers cas, l'emploi de cette force ne consiste pas à développer de la puissance, et même, le plus souvent, comme on l'a vu dans le chapitre qui précède, elle ne sert qu'à régler le jeu d'une autre force, celle de la pesanteur, par exemple, dont elle permet de suspendre ou de rétablir périodiquement l'action.

Mais l'électricité ne peut-elle être employée directement comme force motrice, c'est-à-dire jouer le rôle de la vapeur dans les machines qui, après avoir produit et emmagasiné une certaine quantité de mouvement, le distribuent à d'autres machines, où il se trouve transformé selon les besoins industriels?

Cette question a reçu plusieurs solutions positives et pratiques, mais on va voir dans quelle mesure restreinte.

Bien que l'on cite diverses tentatives déjà anciennes, celle de Salvator del Negro, de Padoue, qui construisit en 1831 une machine où un aimant oscillait entre les pôles d'un électro-aimant, celle d'un Allemand, Jedlick, inventeur d'une machine électromotrice à rotation directe, c'est à Jacobi, de Saint-Pétersbourg, qu'on doit faire remonter la première invention sérieuse de ce genre. En 1839, un essai en grand fut fait de la machine de ce savant. « On l'appliqua, dit M. du Moncel, à mettre en marche une petite barque chargée de douze personnes, et munie à cet effet de roues à palettes. On put, il est vrai, naviguer pendant plusieurs heures sur les eaux de la Néva; mais la force développée, bien que provenant d'une pile de 128 grands éléments de Grove, ne put jamais dépasser les trois quarts d'un cheval-vapeur. Un si faible effet mécanique, déterminé par un courant si énergique, découragea complètement l'inventeur, qui depuis lors a toujours considéré cette application de l'électricité comme impraticable pour les travaux industriels. »

On peut diviser les machines électro-motrices en deux classes, correspondant à deux types distincts, celui des *machines oscillantes* et celui des *machines rotatives*. Nous donnerons d'abord quelques exemples de chacun de ces types, dont l'importance n'a guère été, jusqu'à ces derniers temps, que théorique. Puis nous insisterons sur les moteurs dont l'invention est de date plus récente, et qui sont aujourd'hui les seuls usités.

Voyons d'abord quels sont les principes caractéristiques de ces deux types de machines. « Dans les *machines oscillantes*, une hélice ou un électro-aimant fixe attire, lorsqu'il est traversé par un courant voltaïque de direction convenable, soit une autre hélice ou un autre électro-aimant, soit un barreau aimanté, soit même un simple morceau de fer doux. Lorsque la pièce mobile approche du contact de la pièce fixe, le jeu de la machine fait mouvoir un commutateur par lequel l'attraction est changée en répulsion, ou remplacée par l'attraction d'une autre pièce située à l'opposé. La direction du mouvement est ainsi renversée, et, ces attractions se répétant indéfiniment, on en peut tirer le même parti que du va-et-vient du piston de la machine à vapeur. Dans les *machines rotatives*, les pièces mobiles et les pièces fixes sont disposées suivant les rayons de deux roues concentriques; le passage du courant fait marcher la roue mobile vers une position d'équilibre stable; mais au moment où elle l'atteint, le jeu du commutateur change le sens de l'action des forces, et le mouvement de rotation se continue indéfiniment dans le même sens [1]. »

La machine électro-motrice de M. Bourbouze appartient au premier type. Voici quelles en sont les dispositions essentielles.

Deux hélices magnétisantes EE, E'E' (fig. 71) sont disposées par paire de chaque côté d'un arbre vertical surmonté d'un balancier comme dans les machines à vapeur, et jouent le rôle des cylindres ou corps de pompe. Intérieurement et jusqu'à moitié de la hauteur des bobines, se trouvent des cylindres de fer doux, qui s'aimantent quand le courant de la pile passe dans les spires de chaque hélice. Aux extrémités du balancier sont articulées deux tiges, dont chacune porte deux cylindres de fer doux qui se

---

1. Verdet, *Exposé de la théorie mécanique de la chaleur*, leçons professées en 1862 devant la Société chimique de Paris.

meuvent librement en pénétrant dans des bobines,
et qui sont attirés alternativement par les barreaux
aimantés, dès que le courant communique à ceux-ci
leur force magnétisante. On comprend donc que, si
le courant passe successivement et alternativement
dans chaque paire d'hélices, il en résultera un mouvement de va-et-vient des cylindres et de leurs tiges,
et, par suite, un mouvement circulaire alternatif du
balancier. A l'aide d'une bielle et d'un excentrique,
ce mouvement est transformé en mouvement circulaire continu de l'arbre moteur de la machine et de
son volant.

Il reste à montrer comment le courant de la pile
est introduit successivement dans les spires de
chaque hélice. Dans ce but, à l'arbre moteur de la
machine est calé un excentrique, qui fait mouvoir
dans une glissière une plaque d'ivoire *aob*, recouverte sur une partie de sa longueur d'une bande
métallique.

Le fil du pôle positif de la pile communique par *p*
avec les deux électro-aimants, et chacun de ceux-ci
avec une des extrémités inférieures de sa glissière,
qui, en son milieu *o*, communique de son côté avec
le pôle négatif de la pile. Supposons que la plaque
ab occupe la position indiquée par la figure [1]. Le
courant suit alors le chemin *pEeaon*, car le circuit
est fermé de *p* en *n* en passant par les spires des
bobines E, E. L'excentrique, en se mouvant vers la
droite, ouvrira ce dernier circuit, mais alors il fer-
mera celui qui passe par E', E', et c'est le fer doux
de cet électro-aimant qui sera aimanté à son tour.

---

[1]. Une erreur a été commise sur le dessin, relativement à la
position de cette glissière. C'est le fil *a* qui doit toucher la
plaque métallique, tandis que *b* repose sur l'ivoire. Nous
prions le lecteur de supposer cette erreur corrigée pour suivre
l'explication du texte.

Ainsi, à tour de rôle, les cylindres moteurs seront attirés à gauche et à droite, et le va-et-vient des tiges et du balancier en sera la conséquence.

Les deux cylindres mobiles restent toujours très rapprochés des cylindres intérieurs fixes; cela est

Fig. 71. — Machine électro-motrice, système Bourbouze.

rendu indispensable par la loi qui, comme on sait, régit la force attractive des aimants; cette force croît avec une rapidité extrême, à mesure que les masses attirées et attirantes approchent plus du contact. Aussi allonge-t-on le balancier par un levier assez grand pour que le mouvement communiqué à la bielle de l'arbre moteur ait une amplitude suffisante.

Rien, comme on voit, n'est plus aisé à comprendre que ce mode de transformation du mouvement produit par l'attraction électro-magnétique en un mouvement alternatif, que la mécanique sait transformer elle-même en mouvement circulaire continu.

II

Moteur électrique à rotation continue.

Voyons maintenant un type de machine électro-
motrice donnant directement un mouvement de rotation continu. C'est l'électro-moteur Froment que

Fig. 72. — Machine électro-motrice à rotation continue, système Froment.

nous prendrons pour exemple. La figure 72 en donne
l'aspect général.

Six paires d'électro-aimants — la figure n'en
représente que quatre, afin qu'on puisse voir les
roues mobiles et leurs armatures — sont disposées
selon les rayons d'une circonférence et sont fixées
au bâti de la machine qui porte l'arbre moteur, arbre
dont l'axe horizontal coïncide avec le centre de la

même circonférence. Des roues concentriques à
celle-ci portent huit armatures de fer doux, rangées
parallèlement à l'axe de rotation, et venant, pendant
le mouvement, se placer deux par deux en regard
des pôles des électro-aimants.

Les huit armatures étant distribuées à intervalles
égaux sur la circonférence de la roue mobile, et le
nombre des électro-aimants pareillement distribués
n'étant que de six, quand deux armatures opposées
seront exactement en regard des deux électro-aimants
E, E (fig. 73), les autres armatures se trouveront en
avance ou en retard, selon le sens du mouvement.
Supposons que ce dernier s'effectue dans le sens des
flèches, ou de droite à gauche. En ce cas, le courant
de la pile se trouve lancé dans les bobines E', E', et
il a quitté les bobines E, E. Les armatures qui suivent dans le sens du mouvement vont donc être attirées, et le mouvement se continuera dans le même
sens, jusqu'à ce que ces armatures se trouvent en
face des pôles E', E'. A ce moment, le courant quitte
ces dernières bobines pour passer dans E″, E″, et
ce sera maintenant au tour des armatures suivantes
d'être attirées, et ainsi indéfiniment. Il est clair que,
pendant un tour entier, il y aura autant d'attractions
que l'angle d'avance des électro-aimants sur les
armatures est contenu de fois dans la circonférence,
c'est-à-dire vingt-quatre (la différence entre $\frac{1}{6}$ et $\frac{1}{8}$ est
en effet $\frac{1}{24}$).

Ces interruptions et ces passages alternatifs du
courant dans les bobines de la machine s'obtiennent
à l'aide d'un distributeur, dont les figures 73 et 74
feront facilement comprendre la disposition et le
rôle. Ce distributeur consiste en une roue R, centrée
sur l'axe de rotation munie de huit dents ou cames
en nombre égal à celui des armatures et se mouvant
avec elles : cette pièce est en communication con-

stante avec le pôle positif de la pile. Trois ressorts
r, r', r'', fixés à un secteur circulaire immobile et
reliés chacun avec les paires diamétralement oppo-

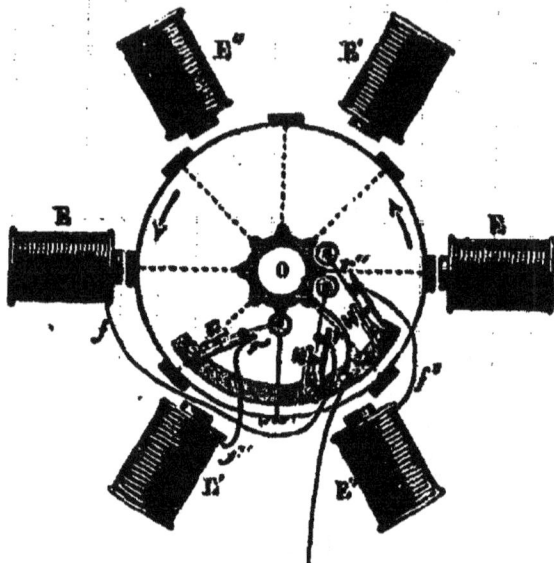

Fig. 73. — Électro-moteur Fromont; action des courants sur une armature.

sées des électro-aimants par des fils f, f', f'', ont
leurs extrémités placées, par rapport aux dents de la
roue, de la même manière que les bobines relative-

Fig. 74. — Distributeur de la machine électro-motrice Fromont.

ment aux armatures de fer doux. Quand deux armatures sont exactement en regard de E, E, le ressort
r qui communique avec les électro-aimants E, E est
en avance sur une dent qu'il vient de quitter, tandis
que r' touche la dent précédente et ferme le circuit

dans les bobines E′, E′. Après un vingt-quatrième
de tour, r′ quittera la dent, et c'est r″ qui en tou-
chera une à son tour, en lançant le courant dans les
bobines E″, E″. En un mot, le circuit se trouvera
fermé à chaque fraction de tour égale à ¹⁄₂₄, et pas-
sera, par le ressort en contact avec une dent, dans
les bobines qui se trouvent en avant des armatures
de la même quantité angulaire. Le courant revient,
après avoir animé chaque paire de bobines, au pôle
négatif par un fil commun. Il ne cesse d'ailleurs
d'agir sur un électro-aimant qu'après être passé
dans le suivant, disposition ingénieuse par laquelle
on affaiblit l'étincelle qui se produit en vertu de la
naissance de l'extra-courant. L'oxydation des contacts que cette décharge cause à la longue se trouve
ainsi en grande partie atténuée.

III

Moteurs électriques actuels.

Le moteur Froment que nous venons de décrire
figurait encore à l'Exposition d'électricité parmi
les objets constituant les collections rétrospectives.
Nous donnerons, dans le paragraphe qui va suivre, quelques exemples curieux des applications
auxquelles l'inventeur l'avait employé. Quelques
électro-moteurs fondés sur le même principe, d'autres basés sur l'attraction et la répulsion simultanées des électro-aimants, n'ont offert qu'un médiocre
intérêt, à cause des applications tout à fait res-
treintes dont ils sont susceptibles. On ne peut leur
demander qu'un service exigeant une très faible
dépense de travail : faire tourner une roue de ven-
tilation, ou encore une molette pour gravure sur
verre, faire mouvoir des jouets scientifiques, etc.

Ce n'est que ces dernières années que les électriciens, invoquant un principe de mécanique établi par Carnot, celui de la réversibilité, ont tourné leurs idées, leurs vues et leurs projets vers une application beaucoup plus rationnelle de la force électrique. Ils se sont dit que, puisque en dépensant une certaine quantité de force, en produisant une certaine quantité de mouvement dans une machine électro-dynamique, on obtenait pour résultat un courant électrique d'une certaine intensité, réciproquement on devait, en fournissant à la même machine ou à une machine semblable un courant électrique, mettre la machine en mouvement. En un mot, dans la première hypothèse, c'est du travail qui se transforme en électricité; dans la seconde, c'est de l'électricité qui se transforme en travail. La vérification de ce principe ne pouvait manquer de donner gain de cause à la théorie. Elle est due à l'un de nos savants électriciens, M. H. Fontaine, qui eut l'idée, à l'Exposition universelle de Vienne, en 1873, d'accoupler à distance deux machines Gramme. L'une d'elles était actionnée par un moteur à gaz : les courants ainsi produits étaient envoyés par un fil métallique à la seconde machine située à une distance d'un kilomètre de la première, la mettaient en mouvement et lui permettaient de manœuvrer une pompe centrifuge. Depuis, tous les inventeurs de machines électro-dynamiques à courant continu n'ont pas manqué d'appliquer à leurs machines le principe de la réversibilité, de sorte qu'elles peuvent être à volonté utilisées comme des générateurs d'électricité ou comme des électro-moteurs. Nous reviendrons plus loin sur les grands moteurs de cette catégorie, en parlant de l'importante question que cette application nouvelle a soulevée : nous voulons parler de la *transmission de la force à de grandes distances.*

La réversibilité a été appliquée pour la première fois aux petits moteurs, à ceux dont la force se mesure par quelques kilogrammètres, par un de nos savants compatriotes, M. Marcel Deprez, qui dès 1878 eut l'idée de transformer la machine dynamo-électrique Siemens en électro-moteur. Il reconnut

Fig. 75. — Moteur électrique Marcel Deprez.

bientôt l'avantage qu'il y avait à prendre pour inducteur, au lieu d'un électro-aimant, un aimant permanent dont la masse devait être grande relativement à celle de l'électro-aimant mobile. Puis, au lieu de placer la bobine transversalement, comme le faisait M. Siemens dans sa première machine magnéto-électrique, M. Deprez la disposa parallèlement aux jambes de l'aimant, de façon à mieux utiliser la puissance magnétique de ce dernier. La figure 75 montre la disposition à laquelle s'est arrêté l'inventeur.

Entre les branches d'un aimant permanent en fer à cheval, formé de plusieurs lames superposées, on voit la bobine Siemens à double T, tournant sur son axe, quand le courant d'une pile vient, par les

balais en laiton d'un commutateur à renversement
de pôles, traverser la bobine et polariser ses surfaces polaires. L'attraction des pôles de noms contraires et la répulsion des pôles du même nom de
la bobine et de l'aimant déterminent le mouvement
de rotation, qui changerait de sens à chaque demi-
tour, sans le changement de sens du courant que
produit le commutateur. Les balais sont portés par
un système mobile autour de l'axe de la bobine,
qui permet, en les inclinant plus ou moins, d'écarter à volonté leurs points de contact de la fente
du commutateur, de façon à graduer la vitesse
engendrée par un courant d'intensité donnée ; on
peut même changer le sens de la rotation sans
toucher aux fils de la pile : il suffit, pour cela,
d'incliner assez le système des balais pour que leurs
contacts avec les coquilles du commutateur se trouvent alternés.

Le moteur Deprez porte aussi un régulateur de
vitesse, qui consiste en un petit ressort communiquant d'un côté à l'un des bouts du fil de la bobine ;
de l'autre côté est une vis de réglage présentant sa
pointe à une pièce de platine soudée au commutateur. Cette extrémité du ressort est plus épaisse
que l'autre, et avec l'augmentation de la vitesse elle
tend à s'écarter par l'effet de la force centrifuge.
Alors le contact de la pointe avec le commutateur
cesse, le circuit est rompu ; la vitesse diminue, et
le circuit est de nouveau fermé lorsque cette vitesse
a repris sa valeur normale.

Des expériences nombreuses dues à M. d'Arsonval
sur le *rendement des moteurs électriques* [1], il résulte
que les moteurs électriques du système Deprez sont
susceptibles de rendre de grands services, lorsque

1. Voir *la Lumière électrique*, année 1881.

le travail dont on a besoin ne dépasse pas 2 ou 3 kilogrammètres par seconde. Un petit modèle, dont la bobine n'avait que 30 millimètres de diamètre sur 35 millimètres de longueur, et pesait 200 grammes, dont l'aimant pesait 1 700 grammes, dont le poids total était ainsi inférieur à 2 kilogrammes, a fourni avec 5 éléments Bunsen un travail de 51 kilogrammètres par minute avec une vitesse de 204 tours. Chaque gramme de zinc brûlé dans la pile ne rendait pas moins de 134 kilogrammètres. Un autre modèle, dont la bobine pesait 400 grammes et l'aimant 1 700 grammes, a développé 2,5 kilogrammètres par seconde, avec une vitesse de 3 000 tours à la minute. Le courant était fourni par 8 éléments Bunsen plats, modèle de Ruhmkorff.

Les expériences de M. d'Arsonval ont porté sur la comparaison des moteurs du même type, composés d'une bobine Siemens tournant entre des électro-aimants, comme sont disposées les machines Siemens et Ladd, et d'autres petits moteurs dérivés du même système, et ses conclusions sont que, quel que soit le groupement des deux circuits, fixe et mobile, qu'on les réunisse en tension, en dérivation ou qu'on les maintienne indépendants, *les moteurs à aimants permanents ont un rendement supérieur aux mêmes moteurs à électro-aimants*. Ce sont ces considérations qui ont déterminé M. Deprez à conserver l'aimant permanent dans son moteur électrique.

La plupart des petits moteurs électriques qui ont été produits depuis la construction de celui que nous venons de décrire, sont basés sur le même principe, celui de la rotation d'une bobine Siemens, tantôt entre les branches d'un aimant permanent, tantôt entre celles d'un électro-aimant. Dans le moteur Trouvé, l'électro-aimant en U reçoit d'abord dans son fil le courant de la pile, qui, de là, passe dans celui de la bobine mobile. Les faces polaires de cette dernière sont légèrement excentrisées; « au lieu d'être des portions d'un cylindre dont l'axe coïncide avec celui du système, dit l'inventeur, elles sont en forme de limaçon, de telle sorte qu'en tournant elles approchent graduellement leurs surfaces de celles de l'aimant. L'action de répulsion commence alors, de sorte que le point mort est pratiquement évité [1]. » Les branches de l'électro-aimant du moteur Trouvé portent un cadre en cuivre, où sont fixés les divers accessoires, balais frotteurs, contre-pointes entre lesquelles pivote la bobine, etc. « Une roue dentée est montée verticalement par un pont sur l'électro-aimant, de manière à répondre à toutes les applications grâce à la variété de ses transmissions, soit par corde, par chaîne Galle ou Vaucanson, soit par engrenage. Un modèle du poids de 3 300 grammes développe par seconde 3,75 kilogrammètres; la pile qui l'actionne est une pile au bichromate de potasse, dont

---

1. M. Deprez, pour supprimer cet inconvénient du point mort qui est la conséquence de l'inversion de sens du courant à chaque demi-tour de la bobine, fractionna l'armature de Siemens en deux parties égales dans le sens de la longueur, mais en les disposant de façon à faire un angle de 90 degrés. Dans un moteur où les bobines ainsi conjuguées à angle droit étaient placées dans le même aimant, le rendement se trouva considérablement diminué; en donnant un aimant excitateur séparé à chaque bobine, le rendement fut meilleur. Il semble résulter de là que la suppression du point mort, qui peut être utile dans certaines circonstances, n'est pas avantageuse au point de vue économique. Les autres dispositions ayant le même objet sont-elles préférables ? Ce n'est point l'opinion de M. d'Arsonval, qui pense que, dans les bobines à renversement de courants, la modification des joues ne résout le problème qu'en apparence, qu'il n'y a de moteurs véritablement sans points morts que ceux qui ont deux bobines à angle droit, à moins qu'il ne s'agisse des machines munies du collecteur de Gramme, développant pendant leur rotation une force électro-motrice continue.

la consommation équivaut à celle de 1 gramme de
zinc pour 94 kilogrammètres. M. Trouvé, pour obtenir
des forces plus grandes, double ou triple le nombre
des bobines et celui des batteries qui les actionnent.

Nous en reparlerons plus loin en mentionnant les

Fig. 76. — Moteur électrique W. Griscom.

applications qui en ont été faites aux machines à
coudre, à la navigation, à l'aérostation. C'est surtout
aux machines à coudre qu'ont été appliqués également d'autres petits moteurs électriques, qu'on
remarquait à l'Exposition de 1881, celui de M. Griscom (fig. 76), ceux de MM. Burgin, Borel, etc.

Dans le moteur Griscom, on voit que la bobine
mobile tourne entre les deux pôles d'un électro-aimant
annulaire, et se trouve ainsi entièrement renfermée
dans l'inducteur. Une pile au bichromate de potasse
de 6 éléments sert à l'actionner, quand on veut l'uti-

liser à faire mouvoir une machine à coudre. Sa longueur ne dépasse pas 10 centimètres.

Nous avons dit plus haut que les moteurs électriques à renversement de courant, qu'ils soient magnéto-électriques ou dynamo-électriques, ne sont utilisables que là où le travail exigé ne dépasse pas quelques kilogrammètres par seconde. Pour des forces supérieures, il faut employer les machines à courant continu, comme celle de Gramme. C'est, en effet, comme nous allons le voir plus loin, à des moteurs de ce genre que l'on a demandé la solution d'un problème de mécanique pratique d'un grand intérêt, celui de la *transmission de la force à distance*.

Les moteurs du type Marcel Deprez peuvent être utilisés dans une foule de cas où la force est peu considérable : nous avons déjà cité les machines à coudre ; les machines à diviser, les tours d'horloger et tous les outils qui exigent régularité, précision avec faible puissance, sont dans le même cas. Ce sont des moteurs Deprez qui font mouvoir les appareils télégraphiques du système multiple imprimeur Baudot.

A l'Exposition internationale d'Électricité de 1881, la curiosité du public s'est portée avec intérêt sur deux applications du moteur Trouvé dont nous allons dire quelques mots. On voyait, sur l'eau du bassin du centre du palais, évoluer un canot qui était mû par l'électricité. Quelques mois auparavant, des expériences faites sur la Seine et sur le lac du bois de Boulogne avaient donné des résultats fort satisfaisants : dans les premières, le canot, monté par trois personnes, remonta aisément le cours du fleuve avec une vitesse d'un mètre par seconde, puis à la descente il acquit la vitesse de 2 m. 50. Le moteur, situé à la partie supérieure du gouvernail, était un moteur électrique Trouvé à deux bobines, actionné par deux batteries au bichromate de potasse installées sur le

milieu du bateau. La figure 77 montre comment le mouvement était communiqué, à l'aide d'une transmission
à la chaîne de Vaucanson, à une hélice encastrée dans
le gouvernail même, à sa partie inférieure. La com-

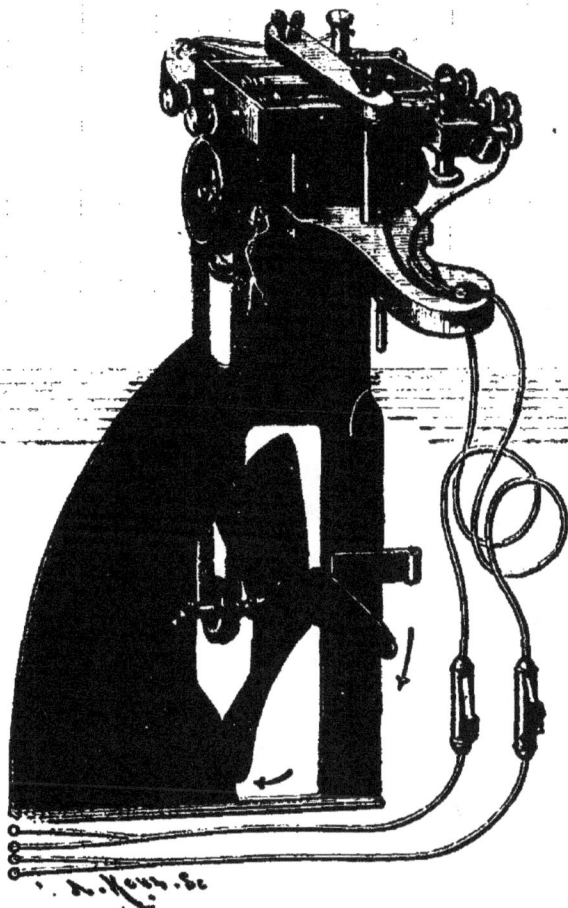

Fig. 77. — Moteur en hélice du canot Trouvé.

munication des piles avec les organes moteurs a lieu
au moyen des *tire-veilles*, qui servent à la manœuvre
du gouvernail ; elles sont formées de cordons métalliques souples, recouverts plusieurs fois de soie et de
coton et en dernier lieu d'un tube en caoutchouc qui

les met à l'abri des accidents et de l'humidité. Celui qui dirige le bateau tient de chaque main l'une des tire-veilles par une poignée ou manche adapté en son milieu et pourvu d'un contact à verrou ; par un simple

Fig. 78. — Expérience de navigation électrique faite sur la Seine par M. Trouvé.

mouvement du pouce agissant sur le contact à verrou, il peut donc à volonté mettre le moteur en activité ou l'arrêter immédiatement.

Cette ingénieuse application des moteurs électriques à la navigation est-elle susceptible d'une extension à des bateaux d'un certain tonnage? Sous cette forme, la réponse à cette question nous paraît au moins douteuse. La pile, en effet, n'est pas seulement une source d'électricité coûteuse, elle est embarrassante et la durée de son fonctionnement est fort limitée. Tant qu'on n'aura pas découvert une source plus puissante, un accumulateur permettant d'emmagasiner sous un petit volume une somme un peu considérable d'énergie électrique, il nous paraît évident que la navigation par l'électricité sera forcément restreinte au canotage [1] et restera affaire de luxe et de curiosité.

Les mêmes réserves ne pourraient s'appliquer qu'en partie à la navigation aérienne électrique. En effet, le grand avantage d'un moteur électrique sur un moteur à vapeur, c'est l'absence de feu et de fumée, absence dont l'importance est capitale quand l'aérostat est un ballon gonflé d'hydrogène, c'est-à-dire d'un gaz essentiellement inflammable. Toute la question, en ce cas, sera donc dans l'invention d'un accumulateur dont le poids soit très réduit, eu égard à la force emmagasinée. Un autre avantage du moteur électrique, c'est de conserver un poids constant, n'ayant pas à abandonner à l'air des produits de combustion qui, délestant sans cesse l'aérostat, tendent à le faire monter dans l'atmosphère.

M. G. Tissandier, l'auteur du projet d'aérostat dirigeable mû par l'électricité, dont un petit modèle figurait à l'Exposition de 1881, a fait alors une série d'expériences tout à fait encourageantes, et qui prouvèrent qu'on peut espérer le succès en grand, dans la mesure où il est possible. C'est un moteur Trouvé, actionné par un élément secondaire Planté, qui servait de propulseur à son aérostat. Ce dernier, dont la forme rappelait le type de l'aérostat allongé de M. Giffard ou de M. Dupuy de Lôme, mesurait 3 m. 50 dans

---

1. Le canotage lui-même est une sorte de sport qui tire tout son intérêt de la vigueur musculaire et de l'adresse développée par ceux qui s'y livrent : c'est en outre un utile exercice de gymnastique pour les jeunes gens. La substitution à la rame d'un moteur mécanique, si puissant qu'il soit, serait précisément la mort du canotage.

son grand axe et 1 m. 80 de diamètre à sa partie médiane. Gonflé d'hydrogène pur, sa force ascensionnelle était de 2 kilogrammes. Le poids du moteur était de 220 grammes, celui de l'élément Planté aussi de 220 grammes. La rotation de la bobine était communiquée par engrenage à l'axe du propulseur, qui consistait en une hélice à deux branches fort légère, mesurant 40 centimètres de diamètre. Dans un air calme, l'hélice effectuait 6 tours 1/2 par seconde et la vitesse de propulsion était de 1 mètre; le mouvement durait jusqu'à 40 minutes. « Avec deux éléments secondaires montés en tension, dit M. Tissandier, et pesant 500 grammes chacun, je puis adapter au moteur une hélice de 60 centimètres de diamètre qui donne à l'aérostat une vitesse de 2 mètres environ à la seconde pendant 10 minutes environ. Avec trois éléments la vitesse atteint 3 mètres. »

Voici dans quelles conditions le savant directeur de *la Nature* pensait alors que les résultats obtenus sur une petite échelle auraient chance d'être encore plus favorables, si les expériences se faisaient en grand :

« Dans les conditions actuelles, dit-il, les moteurs dynamo-électriques peuvent donner 6 chevaux-vapeur sous un poids de 300 kilogrammes environ, avec 900 kilogrammes d'éléments secondaires. Il serait facile d'enlever avec soi ce matériel d'un poids total de 1200 kilogrammes, dans un aérostat allongé, de 3000 mètres cubes, gonflé d'hydrogène, analogue à ceux qui ont été conduits dans les airs en 1852 par M. Giffard et en 1872 par M. Dupuy de Lôme. L'aérostat aurait 40 mètres de longueur et 13 m. 50 de diamètre au milieu; sa force ascensionnelle totale serait de 3500 kilogrammes environ; il pèserait, avec tous ses agrès, 1000 à 1200 kilogrammes; il resterait donc encore plus de 1000 kilogrammes pour les voyageurs et le lest. Par un temps calme, cet aérostat, actionné par une hélice de 5 à 6 mètres de diamètre, aurait une vitesse propre de 20 kilomètres à l'heure environ, et dans un air en mouvement il se dévierait de la ligne du vent; il ne fonctionnerait assurément que pendant un temps limité; mais il permettrait d'entreprendre des expériences de démonstration tout à fait décisives. »

Ces premières indications de l'expérience, bien qu'obtenues avec des appareils de petites dimensions, encouragèrent leur promoteur à en poursuivre la réalisation sur une grande échelle.

Une première expérience, faite le 8 octobre 1883, donna des résultats que M. Gaston Tissandier résumait en ces termes : « Nous pouvons conclure, dit-il, de cette première expérience : Que l'électricité fournit à l'aérostat un moteur des plus favorables, et dont le maniement dans la nacelle est d'une incomparable facilité ; que, dans le cas particulier de notre aérostat électrique, quand notre hélice de 2 m. 80 de diamètre tournait avec une vitesse de 180 tours à la minute, avec un travail effectif de 100 kilogrammètres, nous arrivions à tenir tête à un vent de 3 mètres à la seconde, et en descendant le courant à nous dévier de la ligne de vent avec une grande facilité. » Le moteur électrique était une machine Siemens à longue bobine, montée sur un châssis de bois à jour, pesant 54 kilogrammes et fournissant un travail de 100 kilogrammètres. Elle était alimentée, non plus par des accumulateurs, mais par une pile au bichromate de potasse de 24 éléments associés en tension et groupés par série de 6 éléments en 4 caisses. On pouvait ainsi, à l'aide d'un commutateur à mercure, faire passer à volonté le courant de 6, 12, 18 ou 24 éléments et avoir ainsi quatre vitesses de l'hélice.

Le 26 septembre de l'année suivante, 1884, MM. Tissandier frères firent une seconde expérience plus décisive au point de vue du but principal poursuivi, à savoir la direction des aérostats. Mais s'ils avaient eu incontestablement l'honneur de la priorité de l'application de l'électricité à l'aérostation, ils furent dépassés cette même année en ce qui concerne l'efficacité des résultats.

Deux officiers de notre armée, les capitaines Renard et Krebs, chargés par le ministère de la guerre des études et des essais pratiques ayant pour objet d'appliquer l'aérostation aux opérations militaires, parvinrent à construire un ballon véritablement dirigeable. Deux expériences eurent lieu à un mois environ d'intervalle pendant l'été de 1884. La première, à la date du 9 août, a été l'objet d'une note présentée à l'Académie des sciences par M. Hervé Mangon, et dont voici un extrait :

« La date du 9 août marquera dans l'histoire des sciences appliquées, et l'armée française doit être fière de compter parmi ses membres les courageux aérostiers de notre première Révolution et les deux officiers qui viennent de résoudre pratiquement le problème de la direction des ballons.

« Je prie l'Académie de me permettre de lui donner quelques renseignements très brefs sur la mémorable expérience du 9 août 1884.

« Le ballon de MM. Renard et Krebs a 50 mètres de longueur et 8 m. 40 de diamètre au maître-couple. Sa forme est celle d'un solide de révolution géométriquement défini. Un ballonnet intérieur permet de maintenir le ballon complètement gonflé. L'hélice motrice est mise en mouvement par une machine dynamo-électrique et une pile remarquablement légères. Ce moteur peut donner huit chevaux et demi de force, mais pour le premier essai on n'a utilisé qu'une partie de cette puissance.

« Le samedi 9 août, à quatre heures, par un temps calme, le ballon s'est élevé de l'atelier de Meudon, conduit par M. Renard et par M. Krebs; on a mis la machine en mouvement et l'on s'est dirigé vers le sud. L'un des officiers était particulièrement chargé du soin du gouvernail et de la direction dans le sens horizontal, l'autre maintenait le navire aérien à une hauteur régulière de 300 mètres environ. De la nacelle, on voyait l'ombre du ballon avancer régulièrement sur le sol, tandis que l'on ressentait l'impression d'un vent debout léger, produit par la marche de l'appareil à raison de 5 mètres environ par seconde.

« Parvenus au-dessus de Villacoublay, à quatre kilomètres de Chalais (point de départ du voyage), les deux officiers ont arboré le drapeau annonçant leur retour aux hommes restés à l'atelier. Ils ont viré de bord en décrivant un demi-cercle de 300 mètres de rayon environ. Revenus vers Meudon, ils ont gouverné un peu à gauche pour rejoindre Chalais, et après deux ou trois manœuvres de machine en arrière et en avant, aussi précises que celles d'un steamer qui accoste, l'atterrissement a eu lieu au point même du départ. »

Le second essai eu lieu le 12 septembre. Il parut moins décisif; le vent était plus fort (sa vitesse était entre 5 et 6 mètres par seconde). L'aérostat lui tint tête, naviguant vent debout, mais un accident l'obligea à céder au courant et il ne revint pas au point de départ comme la première fois.

Le 8 novembre enfin de la même année, le succès fut plus complet encore qu'au 9 août, et deux voyages, aller et retour, démontrèrent la réalité de la solution donnée par MM. Renard et Krebs au difficile problème de la direction des aérostats.

A la vérité, pour que cette direction soit possible,

avec le ballon construit par les deux officiers, dont la vitesse propre ne dépassait pas 6 mètres par seconde, il faut que les courants atmosphériques aient eux-mêmes une vitesse inférieure. En France les vents d'intensité moyenne ont une vitesse plus grande (10 ou 12 mètres). Pour les surmonter et naviguer dans l'atmosphère avec sécurité, il faudra donc construire des appareils plus puissants, d'un volume plus considérable, et armés de moteurs plus légers encore! Cela semble très possible.

IV

Applications diverses des moteurs électriques.

Les moteurs électriques que nous venons de décrire ne peuvent, en aucune façon, lutter de puissance avec les moteurs ordinaires, tels que la machine à vapeur. On n'est guère parvenu à en construire dont la force équivaille à plus d'un cheval-vapeur. La raison en est donnée par les principes de la théorie mécanique de la chaleur : le travail des machines électro-motrices est une autre forme de la puissance calorifique que les actions chimiques de la pile développent; mais, comme ce mode de production de la chaleur est beaucoup plus coûteux que celui qui consiste à brûler la houille nécessaire à la production de la vapeur, il en résulte nécessairement que la force électro-motrice est beaucoup moins économique que celle de la vapeur d'eau. C'est ce que l'expérience a, du reste, entièrement confirmé.

Mais si les moteurs électriques légers ne peuvent lutter, sous ce rapport, avec la machine à vapeur ou avec les autres moteurs industriels, si leur emploi dans la grande industrie a paru longtemps impossible,

il est des services d'un autre ordre qu'ils peuvent
rendre toutes les fois qu'il s'agit d'obtenir une force
peu considérable, mais exigeant régularité, grande
vitesse, action à grande distance. Dans ces conditions, ils ont une supériorité qu'augmentent encore
la facilité de leur mise en train, de l'interruption du
travail, l'absence de tout danger, le peu de place
qu'ils nécessitent. Nous venons de donner quelques
exemples des applications variées dont ils sont aujour-
d'hui reconnus susceptibles; mais dès les premiers
essais on avait compris quel genre de services ils
étaient appelés à rendre. C'est ainsi que l'inventeur
de la machine à rotation directe que nous avons
décrite plus haut, l'habile et regretté M. Froment, se
servait de machines semblables pour les délicates
opérations de mécanique scientifique auxquelles il se
livrait. Il les utilisait à mouvoir des tours, des
machines à diviser, ces engins si précis qui traçaient
sur un tube de verre des divisions d'une extrême
finesse, jusqu'à 1 000 traits dans l'intervalle d'un millimètre. La précision, la délicatesse infinie de cette
machine en faisaient une merveille mécanique. Qu'on
en juge par ce passage d'un rapport de M. Dumas :

« Nous trouvant réunis à Londres, à l'occasion de
l'Exposition, M. Froment, au milieu d'une séance,
tire sa montre, et nous dit : « Il est midi moins dix
« secondes. A l'ordre de la pendule de mon cabinet,
« à Paris, mon diviseur entre en mouvement. Le
« diamant trace cinq traits en l'air, pour se mettre
« en train et pour réchauffer les huiles des jointures
« de ses supports. Il trace cinq traits inutiles sur la
« plaque de verre, pour s'assurer qu'il y mord. Il
« avance jusqu'à la place où doit commencer son
« travail; il trace ses traits définitifs, courts pour les
« millièmes de millimètre, plus longs de cinq en
« cinq, un peu plus longs encore de dix en dix. Il

« en a tracé cinq cents. Il a fini sa tâche et reste en
« place, la pointe en l'air, prêt à recommencer. »
Mais, à son tour, il marque à la pendule midi trente
secondes, pour qu'en revenant à Paris le maître
puisse s'assurer que son esclave électrique lui a
scrupuleusement obéi. »

CHAPITRE II

————

I

Transmission de la force.

Nous avons vu plus haut que le principe de la réversibilité, appliqué aux machines électriques, avait été le point de départ de progrès importants dans la construction des moteurs empruntant à l'électricité la source de leur puissance. Tant que la source du courant a été la pile, tant que la génération de l'électricité a été empruntée à une combinaison chimique telle que la combustion du zinc, opération coûteuse et encombrante, on a dû se restreindre aux petits moteurs, à ceux que nous venons de décrire dans le chapitre qui précède. Mais la question a changé de face, quand on a songé à employer comme machines génératrices les grandes machines dynamo-électriques à courant continu, comme la machine de Gramme, dans lesquelles la source de l'électricité est la force mécanique d'un moteur quelconque. Si, en effet, on fait mouvoir une machine de Gramme à l'aide de la vapeur par exemple ou d'une chute d'eau, puis qu'on la mette en commu-

nication électrique avec une seconde machine identique à la première, celle-ci va se mettre en mouvement à son tour, transformant ainsi en travail
mécanique l'énergie électrique produite elle-même
par un travail mécanique. Il est bien entendu d'ailleurs que, dans cette transformation, une partie du
travail de la machine génératrice se trouverait
absorbée, sous forme d'échauffement des machines
et du circuit. Dès lors l'utilité de la transformation
d'électricité en travail par ce mode de transmission
serait nulle ou même négative, si elle ne permettait
de résoudre un problème jusqu'ici resté sans solution : nous voulons parler du problème de la transmission de la force à distance.

Actuellement, dans les grandes usines, la transmission de la force du moteur, roue hydraulique ou
machine à vapeur, est nécessairement restreinte à
des distances peu considérables. Elle se fait par
l'intermédiaire de courroies et de poulies, de câbles
télédynamiques. Dans le cas de moteurs à gaz ou
de chutes d'eau, la puissance du moteur peut être
transmise par une canalisation, ou employée à com-
primer de l'air qui circule ensuite dans les tuyaux :
on en a des exemples dans les grands travaux qui
ont eu pour objet la perforation des tunnels des
Alpes, au col de Fréjus ou au Saint-Gothard. Mais,
dans tous ces cas, la distance est nécessairement
limitée et la transmission exige d'ailleurs des travaux d'installation coûteux. L'électricité, au contraire, passe instantanément pour ainsi dire de la
machine génératrice à la machine réceptrice ou
motrice, sans autre intermédiaire qu'un fil conducteur métallique, convenablement isolé.

Des exemples intéressants de la possibilité de cette
transmission ont déjà consacré cette nouvelle application de l'électricité aux travaux industriels. Avant

d'en décrire quelques-uns, insistons sur un point très important, celui de savoir quelle influence la distance peut avoir sur le rendement des machines, et dans quelle mesure la grosseur des fils conducteurs doit croître avec la grandeur du travail à transmettre. M. Marcel Deprez, à qui l'on doit une étude très complète de la question de la transmission électrique du travail à distance, a établi que le rendement en question est égal au rapport de la force contre-électro-motrice développée par la rotation de la seconde machine à la force électro-motrice de la première, que, ce rapport étant indépendant de la résistance du circuit, le rendement est lui-même indépendant de la distance. Théoriquement un fil d'un diamètre aussi petit qu'on voudra pourrait transmettre une quantité d'énergie illimitée, mais à la condition que la tension électrique sera d'autant plus élevée que la section du fil est plus faible. C'est cette dernière condition qui impose une limite à la petitesse des dimensions du fil, à cause des difficultés d'isolement pour une tension considérable [1].

1. Voici quelques-unes des considérations que M. M. Deprez émet à cet égard : « Dans les récits des expériences les plus connues, faites sur ce sujet (Sermaize, Noisiel), on avait toujours donné à entendre que la distance était un élément très nuisible, et que plus elle était considérable, plus les conducteurs devaient être gros. Des savants étrangers, amplifiant encore cette influence néfaste, allèrent jusqu'à écrire que, pour transmettre au loin le travail des chutes du Niagara, il faudrait une quantité de cuivre dépassant tout ce que recèlent les gisements du lac Supérieur. J'avais donc, on en conviendra, quelque mérite à affirmer une vérité aussi méconnue.

« Mais, depuis peu de temps, cette vérité s'est fait jour, et, par une réaction assez commune dans l'histoire des sciences, on n'a pas craint dans des conférences, dans des articles de journaux scientifiques, d'affirmer, sur l'autorité de savants anglais et américains, que, pour répandre dans le monde entier le travail des chutes susnommées, il suffirait d'un petit câble de 1/2 pouce anglais (environ 13 millimètres de diamè-

Appliquant les principes théoriques ci-dessus au calcul du rendement que donneraient deux machines Gramme identiques (du type C, expérimenté à Chatam pour la lumière électrique) liées par un fil de cuivre pur de 4 millimètres de diamètre, M. Deprez a trouvé que ce rendement serait de 65 pour 100. « Il est possible, dit-il, avec deux machines identiques du type C, de transmettre un travail utile de 10 chevaux à 50 kilomètres de distance, au moyen d'un fil télégraphique ordinaire, la force motrice initiale étant d'environ 16 chevaux. »

Il est aisé de se rendre compte de l'immense portée qu'aura pour l'avenir une pareille application, si toutes les difficultés qui peuvent se présenter dans la pratique, sont résolues. Non seulement les forces développées sur place par les moteurs actuels pourront ainsi être transmises à des points éloignés et distribuées; mais nombre de forces naturelles, inutilisées parce que les points où elles existent sont à une trop grande distance des centres de population, répandront de tous côtés les milliers, les millions de chevaux qui mesurent leur puissance actuellement perdue.

Arrivons maintenant aux expériences déjà réalisées et qui prouvent que la transmission électrique

tre). Quand on réfléchit que la quantité de travail dont il s'agit représente *au moins deux millions de chevaux-vapeur*, et probablement beaucoup plus, il faut reconnaître que les savants en question n'ont pas une idée bien nette de ce que représente ce chiffre, ou qu'ils ont commis des erreurs de calcul que l'absurdité du résultat aurait dû leur faire apercevoir. » M. M. Deprez fait voir en effet qu'en se contentant d'un rendement de 50 pour 100 et d'une transmission à 75 kilomètres seulement, il faudrait que la machine génératrice, si l'on tient compte de la résistance intérieure, développât une force électro-motrice de un million et demi de volts, — nombre effrayant et dont les phénomènes de la foudre peuvent seuls, dit-il, donner une idée »:

de la force n'est pas restée à l'état de prévision théorique. Nous avons déjà dit qu'en 1873, à l'Exposition universelle de Vienne, un de nos savants compatriotes, M. H. Fontaine, a fait la première application du principe de la réversibilité. Sont venues ensuite l'application de l'électricité aux travaux agricoles, réalisée par M. Félix à Sermaize, par M. Menier à Noisiel, l'installation à Berlin des chemins de fer et tramways électriques de M. Siemens, et enfin, à l'Exposition internationale d'Électricité, la réunion de ces applications diverses. Avant de décrire ces dernières, entrons dans quelques détails sur la série d'expériences exécutées sous la direction et par l'initiative de M. Marcel Deprez.

Les premières expériences de M. Deprez furent faites en Bavière, sur la ligne de Munich à Miesbach. La transmission de la force, entre deux machines Gramme identiques, reliées par un fil conducteur en fer galvanisé de 4 mm. 5 de diamètre, se fit avec une perte que l'auteur évalue à moins de 40 pour 100. La distance des deux stations est de 57 kilomètres.

Deux autres séries d'expériences ont été faites en février 1883 à la gare du Nord. Voici, en substance, quel en a été le résultat, d'après un rapport fait par M. Cornu au nom d'une commission de l'Académie des sciences : « Le fait capital est qu'on a atteint le transport de près de *quatre chevaux et demi* à travers une résistance effective de 160 ohms, représentant une double ligne télégraphique de 8 kilom. 5 de longueur. Quant au rendement brut, il représente 37 et demi pour 100 du travail dépensé; c'est le chiffre qu'on peut adopter si l'on veut tenir compte des pertes que toute machine motrice absorbe pour son fonctionnement et qu'on rencontre, quel que soit le moteur employé. Si, au contraire, on veut faire abstraction du moteur mécanique pour s'attacher exclusivement au résultat produit par les transformations successives de l'énergie, on peut dire que le rendement dynamométrique a dépassé 48 pour 100. A quelque point de vue qu'on se place, ces résultats sont considérables. »

Enfin, une nouvelle série d'expériences furent effectuées du courant d'octobre 1885 au mois d'août 1886, sous le contrôle d'une grande commission formée de 38 membres choisis parmi les notabilités de l'industrie et de la science. Il s'agissait, non plus d'expérimenter la transmission de l'énergie sur une petite ou même sur une moyenne échelle, comme à la gare du Nord, mais de se mettre dans les conditions d'un transport de la force à grande distance, avec toutes les exigences d'une application vraiment industrielle. M. Marcel Deprez ne se proposait rien moins que de prendre 100 chevaux de force motrice à la station de Creil, de les transporter électriquement à la gare de la Chapelle, soit à 56 kilomètres, avec un rendement de 50 pour 100.

Donnons une idée sommaire des moyens adoptés pour la réalisation de ce programme. A Creil, station de départ ou d'installation de la force motrice à transmettre, une génératrice Gramme recevait cette force, que fournissaient deux locomotives, par l'intermédiaire d'une poulie dynamométrique, laquelle enregistrait la force absorbée par la génératrice. A la Chapelle, station de réception de la force transmise, une réceptrice Gramme, de moindres dimensions que celles de la génératrice, était employée à faire mouvoir les pompes des accumulateurs de la gare de la Chapelle et aussi une seconde machine électrique qui distribuait la force à divers engins (marteau-pilon, treuil, etc.), en tout environ 40 chevaux. Le travail utile fourni par la réceptrice était mesurée au frein de Prony.

La distance des machines génératrice et réceptrice était de 56 kilomètres, le fil transmetteur mesurait, aller et retour, une longueur de 112 kilomètres; c'était un fil de bronze siliceux de 5 millimètres de diamètre.

Les expériences de la commission de contrôle ont donné les résultats que voici : En faisant tourner la génératrice avec des vitesses variant entre 170 et 220 tours par minute, le travail utile fourni par la réceptrice varia lui-même entre 27 et 32 chevaux. Comme les forces motrices correspondantes absorbées par la génératrice étaient respectivement de 66 et de 110 chevaux, il en résulte que le rendement a varié de 41 à 45 pour 100.

En présence de ces résultats d'expériences qui se sont continuées pendant dix mois, voici en quels termes le rapporteur formulait les conclusions de la commission :

« On peut aujourd'hui affirmer la possibilité, avec une seule génératrice et une seule réceptrice, de transporter à une distance de 56 kilomètres une force industriellement utilisable d'environ 52 chevaux avec un rendement de 45 pour 100.

« Si l'on tient compte de la force absorbée par les dynamomètres et autres instruments de mesure, par les courroies et les appareils disposés en vue de faciliter les expériences ou la recherche des meilleures dispositions à adopter pour les organes de transmission (toutes choses qui n'existeraient pas dans les applications industrielles), on peut dire, dès à présent, que dans la pratique le rendement sera très voisin de 50 pour 100.

« Dans chaque cas, la ligne absorbera plus ou moins, suivant qu'on adoptera un fil plus ou moins gros.

« Quand on disposera de beaucoup de force, à bon marché, et que, par suite, on ne tiendra pas au ren-

dement, on emploiera un fil de faible section, ce qui
rendra l'installation plus économique, mais absorbera
plus de force.

« Si, au contraire, la force dont on dispose est
mesurée et qu'on veuille en tirer le parti le plus
avantageux possible, on devra faire un sacrifice sur
les frais de premier établissement, en adoptant un
gros fil. »

Au début de ces belles et gigantesques expériences[1],
tout paraissait manqué, ce qui tenait aux défectuosités de construction des machines dynamo-électriques. Mais M. Deprez remédia à ces vices de construction et le succès couronna ses efforts. Pendant
des mois, les machines fonctionnèrent avec la plus
grande régularité, et, malgré la haute tension des
courants (environ 6000 volts), aucun accident ne se
produisit. La nécessité d'adopter ces hautes tensions
avait fait craindre une grande déperdition de fluide
par le fil de ligne, laquelle aurait pu varier entre de
grandes limites, suivant les conditions extérieures
d'humidité et de température. Ces craintes n'étaient
pas fondées. La commission a reconnu que le fil de
ligne pouvait rester nu sans inconvénient, sauf à
son entrée et à sa sortie des usines, pourvu que partout ailleurs il soit hors de portée de la main, et à une
distance d'au moins 75 centimètres à 1 mètre des
fils télégraphiques et téléphoniques, cette distance
étant suffisante pour qu'il ne puisse s'y mêler,
quelque vent qu'il fasse, ni exercer sur eux aucun
effet d'induction.

La question du transport de l'énergie à distance
par l'électricité, dans les limites qu'on vient de voir,
semble donc bien résolue. Elle l'est, en effet, au double

1. Expériences très coûteuses qui n'ont pu être organisées
et fonctionner pendant dix mois, que grâce à la libéralité de
MM. de Rothschild.

point de vue de la science et de la possibilité des applications industrielles, et l'on voit tout de suite quelle
immense portée aurait la mise en pratique des procédés décrits plus haut. L'utilisation des forces naturelles inaccessibles, telles que les chutes d'eau dans
les pays montagneux où les usines ne peuvent
s'établir, pour ne considérer que cette sorte de forces
perdues, se mesurerait par un accroissement de
productivité considérable. On entrevoit ainsi la
solution de ce problème de l'avenir qui consistera à
remplacer la houille, quand les mines seront épui-
sées.

Mais il subsiste un doute dans l'esprit des ingénieurs et des hommes de science qui ont suivi avec
le plus d'intérêt les expériences du transport de la
force. Ce doute est relatif au côté économique du
problème. Il s'agit de savoir si le prix de revient des
installations (moteurs hydrauliques, barrages, canaux
de dérivation des eaux, etc.) sera ou non supérieur
à celui que nécessiterait une machine à vapeur de
même puissance. Ce sera aux faits de prononcer. En
voici un certain nombre qui paraissent favorables au
transport de la force par l'électricité.

II

La force transmise à distance par l'électricité.
Exemples.

Les pilons qui broyaient le quartz aurifère dans les
mines d'or du Phénix (Nouvelle-Zélande) étaient mus
par le moyen d'une turbine placée dans un des bras
du Shipper's Crek. Malheureusement ce bras restait
à sec huit mois sur douze; l'absence de tout combustible rendait d'ailleurs impossible l'aménagement
d'un moteur à vapeur. Dans l'autre bras de la rivière

existait une chute d'eau de 54 mètres de hauteur, mais que la distance et les accidents de terrain ne permettaient pas d'utiliser directement. L'ingénieur des mines songea à employer la transmission électrique. Il fit établir deux machines dynamo-électriques du système Brush, l'une dans la mine elle-même, l'autre sur le bras du Shipper's Crek où existait la chute. Celle-ci fut mise en mouvement par deux turbines, et l'autre par le courant que lui transmettait un conducteur en cuivre de 4 à 5 millimètres de diamètre. La force ainsi transmise et communiquée de là à la batterie de pilons était estimée à 40 chevaux.

La Valserine est une rivière qui, prenant sa source dans le Jura, longe le pied occidental de la plus haute chaîne de ces monts, encaissée entre les rochers, et va se jeter dans le Rhône. En 1882 et 1883, un industriel de Bellegarde (Ain) fut autorisé à barrer la Valserine, dans le but d'obtenir une force motrice. Il créa ainsi une chute de 30 mètres de hauteur, débitant 5 000 litres à la seconde par les plus basses eaux d'été, ce qui équivaut à une force hydraulique d'environ 2 000 chevaux. Cette force, répartie entre 3 turbines, est destinée, en premier lieu, à l'éclairage électrique de la ville de Bellegarde, puis à alimenter toutes les usines qui s'établiront dans les environs et auxquelles la force motrice sera transmise par câbles électriques. La turbine qui a pour objet l'éclairage de la ville est installée : elle a une force de 600 chevaux. Voici, d'après M. Grezel, professeur de physique à Nantua, en quoi consiste l'installation de Bellegarde : « L'appareil électrique se compose de deux petites machines Gramme à courant continu, auto-excitatrices, dont les anneaux induits font environ 600 tours à la minute; elles sont assemblées en tension; elles ont été construites par MM. de Meuron et Cuénod, de Genève. Des deux bornes libres de la machine double part le conducteur principal, qui est un cylindre en bon cuivre rouge de 5 à 6 millimètres de diamètre ; il est aérien et fait le tour de Bellegarde supporté par des isolateurs en porcelaine fixés sur des poteaux de sapin. Les lampes, toutes du système Edison, sont montées en dérivation sur le conducteur principal. »

Nous empruntons à l'excellente revue scientifique que publie notre directeur et ami Gaston Tissandier, à *la Nature*, les détails qui suivent sur l'usine électrique de Thorenberg (Suisse). Comme le dit le savant électricien qui a rédigé la notice que nous allons citer, M. E. Hospitalier, cette usine mérite une mention toute spéciale, « car elle réunit les procédés actuels les plus pratiques d'utilisation à distance des forces motrices naturelles.

« Thorenberg est un point de la ligne de Lucerne à Berne, près de la station de Litau, et distant d'environ 5 kilomètres de Lucerne. Là se trouve une chute d'eau de 8 mètres de hauteur empruntée à la rivière l'Emmen, chute d'eau représentant déjà une force motrice importante, et qui deviendra plus considérable encore lorsque des travaux d'art actuellement en voie d'exécution auront porté la hauteur de chute à 15 mètres.

« M. Troller, propriétaire d'un moulin à vapeur situé à 3 kilomètres de la chute, a eu l'heureuse idée d'utiliser cette chute et d'y établir une véritable usine électrique d'un caractère tout particulier. Cette usine produit de l'énergie électrique appliquée à deux services essentiellement distincts, aussi bien par la nature des courants obtenus que par l'utilisation de ces courants. A cet effet, une turbine actionne un grand arbre de couche qui règne tout le long de l'usine et commande deux séries de générateurs :

« 1° Des générateurs à courants alternatifs servant à l'éclairage d'une partie de la ville de Lucerne;

« 2° Une machine à courant continu dont le courant actionne à 3 kilomètres de distance un moteur électrique qui commande la meunerie de M. Troller.

« Le service d'éclairage est fait à l'aide de deux machines à courants alternatifs système Zipernowski-Deri, d'une puissance de 150 chevaux, alimentant un certain nombre de transformateurs distribués dans Lucerne, aux centres des points principaux de consommation. En marche maxima normale, chaque machine peut produire 1 800 volts aux bornes et 40 ampères. La canalisation de transport est aérienne et formée d'un double conducteur, aller et retour, constitué lui-même par deux fils de cuivre de 6 millimètres de diamètre.

« L'installation de Thorenberg dessert actuellement 3 500 lampes à incandescence Swan de 10 bougies; mais comme toutes ces lampes ne sont pas allumées en même temps, une seule machine suffit pour assurer le service. L'éclairage est payé à forfait, au prix de 20 francs par lampe et par an. Cet éclairage fonctionne depuis deux ans et demi et a toujours donné entière satisfaction. »

Voilà pour ce qui regarde le premier service, celui de l'éclairage électrique. Un mot maintenant des dispositions adoptées pour la transmission de force motrice entre l'usine de Thorenberg et le moulin établi à 6 kilomètres de distance. Deux machines dynamo-électriques à courant continu du système Brown, reliées par une canalisation aérienne, l'une génératrice et l'autre réceptrice, sont excitées en série et tournent à toute vitesse normale de 450 tours par minute. La force électro-motrice de la génératrice est de 1 000 volts, et le courant normal à pleine charge mesure 80 ampères, ce qui correspond à une puissance initiale de 120 chevaux. La réceptrice actionne le moulin et remplace, avec beaucoup moins de frais, d''encombrement et d'ennuis la machine à vapeur de même puissance qui fonctionnait auparavant.

Un autre exemple intéressant de transmission de la force à distance et d'utilisation des forces naturelles est celui que viennent de donner deux petites villes des départements de la Drôme et de Vaucluse, Dieulefit et Valréas, en vue de s'assurer les avantages de l'éclairage électrique. Une chute d'eau de 25 mètres de hauteur, située à 5 kilomètres de Dieulefit, à 14 kilomètres de Valréas, restait sans emploi. Elles se sont associées pour y établir à frais communs une usine électrique, dont les dynamos à courants alternatifs reçoivent le mouvement de deux turbines possédant chacune une force disponible de 50 chevaux.

Enfin une application toute récente de la transmission électrique de la force a été signalée par MM. Marcel Deprez à l'Académie des sciences, dans sa séance du 16 septembre 1889. La ville de Bourganeuf possédait depuis deux ans son système d'éclairage par l'électricité, y utilisant une chute d'eau située dans la ville même; malheureusement cette chute était souvent à sec en été; il eût fallu recourir à une machine à vapeur pour combler la lacune de ces interruptions. On préféra utiliser une autre chute d'eau, celle-là donnant avec continuité une force de beaucoup supérieure aux besoins de la ville, mais située à une distance de 14 kilometres. On y établit une turbine actionnant, avec une force motrice maxima de 130 chevaux, une génératrice à haute tension; la ligne est formée, aller et retour, de deux fils en bronze siliceux de 5 millimètres de diamètre. La réceptrice est, comme la génératrice à laquelle elle est identique, excitée au moyen de machines à basse tension, qui

servent à la production de la lumière et qu'elle met
en mouvement au moyen de deux courroies. Ces
machines n'alimentent que 250 lampes. D'après
M. Deprez, le rendement en lumière diffère peu de
50 pour 100 de la force fournie à la génératrice.

Après avoir indiqué brièvement les plus récentes
applications du principe de la réversibilité des
machines dynamo-électriques, revenons aux expériences antérieures, où la transmission de la force
par l'électricité a pour objet des travaux de nature
variée.

Commençons par celles qui avaient en vue les
travaux agricoles.

III

Labourage et autres travaux agricoles
par l'électricité.

Dans le courant de mai 1879, une intéressante
expérience a été faite par M. Félix, dans sa ferme-
sucrerie de Sermaize (Marne). Elle avait pour objet
le labourage à l'électricité, par un système de transmission qui, de l'usine, envoyait le courant électrique et la force jusqu'au champ à expérimenter.
Voici quelle était la disposition adoptée :

La charrue qu'il s'agissait de mouvoir était une
charrue double à renversement, portant trois socs
de chaque côté, semblable en un mot à celles qui
sont en usage dans le labourage à vapeur. Sur deux
treuils placés aux deux extrémités du sillon à tracer,
s'enroulait d'un côté et se déroulait de l'autre le
câble d'acier entraînant la charrue. Les chariots à
quatre roues, porteurs des treuils, portaient également chacun deux machines Gramme, mises en
mouvement par le courant électrique envoyé de la

sucrerie; là deux autres machines Gramme, commandées par la machine à vapeur, étaient reliées à chaque treuil par deux fils dont la section était de 30 à 40 millimètres carrés. Le mouvement des machines motrices se communique à chaque treuil de la façon suivante : Sur chaque chariot un arbre central porte à l'une de ses extrémités une poulie entraînée par le frottement des galets tournant sur les machines; à l'autre extrémité sont deux pignons, dont l'un engrène sur le treuil, tandis que l'autre commande l'essieu des roues. Quand le sillon est achevé dans un sens, on fait, à l'aide d'un commutateur, passer le courant dans les machines Gramme du deuxième treuil, qui à son tour fait mouvoir la charrue dans un autre sens. Enfin, le double sillon tracé, les chariots sont eux-mêmes déplacés en avant par l'action des machines sur le pignon de l'arbre central. Voici maintenant, d'après M. Barral[1], quelques détails sur les résultats obtenus dans cette expérience : « Dans les conditions ordinaires, dit-il, on prend une force de trente chevaux sur les machines motrices de l'usine; quinze chevaux peuvent être transmis jusqu'à la distance de 2 kilomètres, pour tirer sur la charrue. L'utilisation de la force est donc de 50 pour 100; mais elle diminue avec la distance, et à 5 ou 6 kilomètres elle n'est plus que de 40 pour 100. Il y a encore à cet égard de grands progrès à réaliser; l'emploi d'isolants plus parfaits est un problème à résoudre. Il ne faudrait pas d'ailleurs craindre d'employer des appareils plus puissants, lorsque l'importance de l'exploitation le permet; on pourra ainsi rayonner à plusieurs kilomètres autour du centre de la ferme. Vous com-

---

1. *Conférence sur les applications de l'Électricité à l'agriculture*, octobre 1881.

prenez facilement qu'au lieu de la charrue vous pouvez atteler au câble des herses, des rouleaux, des scarificateurs, des semoirs, des moissonneuses, tous les appareils en un mot qui travaillent dans les champs. Le prix des appareils de labourage, comprenant les deux machines Gramme de l'usine, les deux treuils avec leurs machines électriques, les câbles de traction et les conducteurs en cuivre pour 1 ou 2 kilomètres, est d'environ 50 000 francs. Ces machines peuvent, en outre, servir à tous les autres usages et, au besoin, faire l'éclairage électrique. »

La charrue de Sermaize laboure, dit-on, entre 30 ou 40 ares par heure, 3 et 4 hectares dans une journée de dix heures. Le même système de transmission a été appliqué par MM. Félix et Chrétien à décharger les bateaux qui amenaient les betteraves à la sucrerie, et à en charger les wagons qui les transportaient à l'usine ; par M. Arbey, à faire mouvoir deux scies, l'une rotative, servant à diviser en planches des troncs d'arbres entiers, l'autre verticale faisant des travaux plus délicats ; par m. Piat, à une hâveuse de M. Chénot servant dans les carrières, à des concasseurs de pierre, à un marteau-pilon fort ingénieux. M. Barral, à qui nous empruntons une partie de ces détails, mentionne aussi l'application de l'électricité pour commander des pompes centrifuges. « Sur l'axe de la pompe, dit-il, on fixe une poulie qui est entraînée par la simple friction des galets montés sur la machine Gramme. Un levier qu'on manœuvre sans effort, à la main, augmente ou diminue l'adhérence pour accélérer ou ralentir la vitesse de la pompe. Ces grandes pompes rotatives sont employées aujourd'hui aux usages les plus variés : sur les bords de la mer, par exemple dans les watringues du Nord, dont le sol est au-dessous du niveau des hautes eaux, on les emploie pour faire les desséchements; dans le Midi, on les utilise pour les irrigations et pour la submersion des vignes. C'est ainsi qu'actuellement, dans l'arrondissement de Béziers, M. Dumont organise des installations pour appliquer la transmission électrique à la submersion des vignes (en vue de la destruction

Fig. 79. — Expérience de labourage à l'électricité faite par M. Félix à Sermaize, en mai 1879.

du phylloxéra). L'avantage est manifeste, si l'on considère qu'on n'a plus besoin de monter une machine à vapeur à côté de chaque pompe, si l'on remarque, en outre, qu'avec les machines électriques prenant leur force sur une machine fixe à vapeur centrale, on peut employer les moteurs à condensation et diminuer de beaucoup la quantité de combustible nécessaire. »

Pour revenir au labourage à l'électricité, nous devons dire qu'il a été également expérimenté par M. Menier à son usine de Noisiel. Là, la force motrice qui faisait mouvoir les machines généra-

trices Gramme était une chute d'eau, naturellement
plus avantageuse au point de vue économique que
la vapeur. Du reste, on comprend assez que la transmission électrique de la force, dont nous venons de
décrire ou de citer quelques applications, conviendra
surtout aux cas où la force sera donnée par la nature,
ou, si cette force est empruntée à la vapeur, aux
usines dans lesquelles il reste de la force disponible;
elle serait encore avantageuse dans les usines où, le
travail des machines étant intermittent, il y a tout
intérêt à les utiliser pendant leurs périodes de chô-
mage.

IV

Chemins de fer et tramways électriques.

Parmi les applications de la transmission de la
force par l'électricité, l'une des plus intéressantes et
peut-être aussi des plus importantes est celle qui
consiste à faire mouvoir par l'électricité un ou plusieurs wagons sur les rails d'— chemin de fer, ou
sur ceux d'un tramway. C'est à MM. Siemens, de
Berlin, qu'on doit les premiers essais de ce genre.

Pendant toute la durée de l'Exposition qui eut lieu
dans la capitale de la Prusse en 1879, un premier
système de chemin de fer électrique fonctionna
d'une façon très satisfaisante. Le train se composait
d'une petite machine locomotive à quatre roues,
remorquant trois voitures de six places chacune et
à quatre roues également. Le moteur était une
machine à courants continus du système Siemens,
placée à un niveau supérieur à celui des roues. Les
courants étaient envoyés à la bobine par l'intermédiaire d'une paire de balais, analogues aux collecteurs Gramme, qui s'appuyaient d'une façon con-

tinue sur un rail central, barre de fer posée de champ au milieu de la voie et isolée par des tasseaux en bois. Ce rail était en communication constante avec la machine génératrice fixe, du même type que la première, et dont l'autre pôle était relié métalliquement aux deux rails ordinaires. Après avoir animé et mis en mouvement la bobine du remorqueur, le courant repassait par les roues et les rails. D'ailleurs toutes les roues des wagons comme celles de la locomotive communiquaient par des fils de cuivre.

Le conducteur de la machine était assis au-dessus et avait à sa disposition, à main gauche, un commutateur qui lui permettait d'établir les communications électriques, c'est-à-dire de mettre le train en marche, ou de les interrompre pour l'arrêter. Dans ce dernier cas, de la main droite il manœuvrait un frein à main qui enrayait les roues d'avant du remorqueur et contribuait à l'arrêt du train.

La vitesse moyenne dans ce premier essai atteignit de 2 mètres environ à 3 m. 50 par seconde, et le travail développé (non compris celui du remorquage de la machine) s'éleva entre 2 chevaux-vapeur et 3,5 chevaux.

Deux ans après, MM. Siemens et Halske inauguraient un petit chemin de fer électrique, avec des dispositions nouvelles, entre l'Institut central des cadets et Lichterfelde, station du chemin de fer d'Anhalt à Berlin, sur une longueur totale de 2 450 mètres. Dans ce nouveau système, le rail central est supprimé, et ce sont les rails de la voie eux-mêmes qui servent de conducteurs ; il y a donc eu nécessité de les isoler de tout contact avec le sol, sauf avec les traverses en bois sur lesquelles ils reposent. La machine génératrice fixe, installée dans un bâtiment de la gare de Lichterfelde, est actionnée par une machine à vapeur rotative. Des câbles partent des pôles du générateur électrique, passent sous le sol, et vont porter le courant aux rails, d'où il passe à la machine locomotive. Cette dernière n'est autre chose qu'une voiture ordinaire de tramway, de sorte qu'il n'y a plus, comme à l'Exposition de Berlin, un remorqueur et des voitures pour les voyageurs. Ceux-ci, au nombre de 26, occupent les places de l'intérieur de la voiture. Entre les deux paires de roues du véhicule est installée la machine Siemens qui met ces roues en mouvement; une poulie centrée sur l'axe de la bobine porte deux courroies qui s'enroulent chacune sur une gorge ménagée à la circonférence de chaque roue d'un même côté de la voiture, de sorte que les deux essieux se trouvent mis en mouvement à la fois. Quant au courant, voici de quelle manière il passe de la machine génératrice à la locomobile du tramway. Nous avons vu que les rails servent de conducteurs. Dès lors le contact direct des roues métalliques le fait passer à la circonférence de ces roues et, de là, par des bandes de métal à une boîte cylindrique sur laquelle des balais collecteurs en relation avec la machine appuient constamment. A l'aide d'un commutateur, que le conducteur peut manœuvrer de chaque extrémité du véhicule, on peut mettre en marche ou arrêter.

Le poids total de la voiture locomobile du chemin de fer électrique, chargée de son chiffre maximum de voyageurs, est de 4 800 kilogrammes : elle doit marcher avec la vitesse moyenne réglementaire de 20 kilomètres à l'heure; mais en ligne horizontale cette vitesse peut atteindre de 35 à 40 kilomètres; la machine motrice, qui pèse 500 kilogrammes, développe dans ces conditions un travail de 5,5 chevaux-vapeur.

Dans ce nouveau système du chemin de fer élec-

trique de Lichterfelde, MM. Siemens et Halske ont
pu, comme on vient de le voir, employer les rails de
la voie comme conducteurs d'aller et de retour. Ces
rails, du système Vignole, sont éloignés du sol, dont
ils se trouvent isolés d'ailleurs par les traverses en
bois. Mais ce mode de communication de la machine
génératrice fixe avec la machine motrice du véhicule
n'est plus possible quand il s'agit de tramways qui
ont à franchir les voies publiques, que doivent pouvoir traverser à tout instant les voitures ordinaires,
les cavaliers et les piétons. Aussi, à l'origine,
MM. Siemens avaient-ils demandé l'autorisation d'établir une ligne aérienne ; c'est, pour ce mode de
chemin de fer, la solution la plus rationnelle des difficultés : l'isolement des rails conducteurs eût été de
la sorte aussi complète que possible, et la circulation
ordinaire n'eût pas été gênée par une voie établie à
la hauteur du premier étage. Mais l'autorisation
demandée ayant été refusée, les inventeurs ont dû
faire leur essai sur une ligne établie au niveau du sol,
isolée alors de la circulation comme les autres voies
ferrées. Ayant obtenu toutefois la concession d'une
ligne de tramways entre Charlottenburg et Spandau,
mais toujours à niveau du sol, ils ont dû imaginer
une disposition spéciale pour établir la communication électrique des machines. Cette disposition consiste en un contact mobile, en un chariot roulant sur
un conducteur aérien qui est soutenu lui-même par
des poteaux, comme le sont les fils télégraphiques.
Ce conducteur aérien servant, à l'aller, pour la transmission du courant, les rails devaient servir de fil de
retour.

Telle est du reste, à peu près, la disposition qui a
été adoptée pour le tramway électrique que les visi-
teurs de l'Exposition d'Électricité ont pu voir fonctionner en 1881, entre la place de la Concorde et l'en-

trée Est du Palais de l'Industrie. Seulement, les rails ne pouvant servir comme conducteurs de retour, à cause de l'impossibilité où l'on fut de les isoler du sol, ce sont deux conducteurs aériens et deux contacts mobiles qu'il fallut établir pour la communication électrique. Ces conducteurs étaient des tubes de laiton, fixés de part et d'autre à des barres de bois supportées le long des poteaux par des câbles analogues à ceux des ponts suspendus. A l'intérieur des tubes courait une espèce de navette en laiton, d'où descendaient deux tiges verticales sur lesquelles glissait une traverse portant un galet s'appuyant contre les tubes à la partie supérieure de sa circonférence. Une fente longitudinale permettait à ce système de contact de courir le long des conducteurs. De chaque contact partait un fil isolé qui se reliait au pôle de la machine motrice. Celle-ci était, comme dans le wagon de Lichterfelde, placée entre les roues du véhicule, auxquelles elle communiquait son mouvement de rotation à l'aide d'une chaîne de Galle.

La longueur du parcours était de 500 mètres environ, que la voiture locomobile franchissait en moyenne en 2 minutes, soit avec une vitesse de 17 kilomètres par heure. Elle aurait pu marcher quatre fois plus vite. Complètement chargée de ses 50 voyageurs, la voiture pesait environ 9 000 kilogrammes. La voie présentait deux courbes prononcées, l'une de 55 mètres, l'autre de 30 mètres de rayon, et, sur une certaine partie du parcours, une rampe de 2 centimètres par mètre. Le travail développé par la machine était en moyenne de 3,5 chevaux-vapeur sur la voie droite en palier; sur les courbes, il atteignait 7,5 chevaux, et sur la rampe, 8,5 chevaux. De là la nécessité d'un régulateur de vitesse. Dans ce but, le conducteur avait à sa disposition la manette d'un rhéostat, avec laquelle il introduisait à volonté dans le circuit les résistances convenables. Il se servait du même moyen un peu avant les instants où, par la rupture du circuit, il voulait produire l'arrêt de la voiture.

« Dans le réglage de la vitesse interviennent aussi les phénomènes signalés par M. Frœlich et M. Siemens dans l'accouplement de deux machines fonc-

Fig. 80. — Tramway électrique de l'Exposition d'Électricité, système Siemens.

tionnant, l'une comme génératrice, l'autre comme réceptrice du courant. Quand la locomobile électrique est abandonnée à elle-même sur un terrain plat, où la résistance à la traction est faible, sa vitesse s'accélère jusqu'au moment où il y a une différence constante entre le courant de la machine génératrice et le contre-courant de la machine réceptrice; la vitesse de la voiture est alors uniforme. Lorsqu'il y a une pente à monter et que l'effort à faire est plus grand, la vitesse diminue jusqu'à ce que le contre-courant se soit affaibli dans une certaine mesure, et qu'il se soit

établi une certaine différence entre lui et le courant
de la machine génératrice.

« A ce moment la vitesse devient encore uniforme.
Si enfin la voiture descend une pente et qu'il se produise ainsi une nouvelle force de propulsion dans le
même sens que celle due au courant, le contre-courant augmente d'intensité, et, à partir d'une certaine
limite, fait frein en quelque sorte, parce que la
machine locomobile agit plutôt comme productrice
de courant et réagit sur la machine fixe.

« Dans la transmission de force à distance à l'aide
de deux machines dynamo-électriques, la résistance
des conducteurs interposés intervient notablement,
et l'on n'a un bon rendement que si cette résistance
ne dépasse pas celle des machines. Dans le chemin
de fer électrique fonctionnant sur des rails uniformes,
cette résistance augmente continuellement à mesure
que la locomobile s'éloigne de la génératrice : il y a
donc eu lieu de chercher les moyens d'empêcher cette
résistance de dépasser une certaine limite. Avec des
voies de longueur modérée comme celle de Lichterfelde, la section des rails est assez grande pour que
leur résistance n'atteigne jamais une trop grande
valeur. S'il s'agissait cependant de franchir une plus
grande distance, on pourrait augmenter la conductibilité très facilement, soit en leur ajoutant latéralement
des bandes conductrices, soit en les montant comme
cela était projeté pour les chemins de fer aériens, sur
des charpentes longitudinales en fer et faisant servir
également ces charpentes de conducteurs. Mais la
question pourra être plutôt résolue autrement, sans
se préoccuper de diminuer la résistance des conducteurs, en augmentant au contraire celle du fil des machines. On n'aura alors qu'à approprier les machines
à la distance que devra parcourir la voiture. » (A. Gué-
roult, *Lumière électrique*, juillet 1881.)

D'après les expériences que nous venons de rap-
porter, la traction des tramways par l'électricité
semble pouvoir entrer dans le domaine de la pratique.
Nous ne disons rien, bien entendu, du côté économique de la question [1]. Pour les grandes villes, là
surtout où il y aura possibilité d'établir des voies
aériennes, il n'est pas douteux que ce mode de propulsion aura de nombreux avantages. La substitution
d'une machine fixe aux locomotives à vapeur suppri-
mant, sur la voie, le feu et le combustible, par conséquent la vapeur, la fumée et les escarbilles de charbon, supprimera du même coup tous les inconvénients
qui ont empêché jusqu'ici la circulation des locomotives ordinaires à l'intérieur des villes. Ces avantages
seraient plus sensibles encore pour la traction électrique dans les chemins de fer souterrains. Dans ce
cas particulier, la force du générateur pourrait en
outre produire la lumière indispensable à l'éclairage
des grands tunnels.

MM. Siemens ont proposé l'application de leur système au transport des dépêches et colis postaux.
Mais dès le mois d'août 1879, un électricien français,
M. Ch. Bontemps, avait eu la même idée, et des expériences d'un petit chemin de fer électrique postal
furent faites alors dans la cour de l'*Administration*

---

1. Une statistique qui se rapporte à l'année 1888 donne pour
la longueur totale des chemins de fer ou tramways électriques
établis en Europe et en Amérique le nombre de 86 kilomètres,
qui se répartissaient de la façon suivante :

Irlande....................................	14ᵏ,4
Angleterre................................	4 ,0
Belgique..................................	3 ,2
Allemagne.................................	11 ,0
Autriche..................................	4 ,5
Amérique du Nord..........................	49 ,6

Pour plusieurs de ces lignes, les frais d'exploitation sont
évalués à 25 centimes par kilomètre et par voiture. C'est moitié
moins que la traction par chevaux.

des Télégraphes sous la direction de M. Marcel Deprez; la locomotive électrique que ce savant avait fait construire dans ce but devait circuler à l'intérieur des égouts parisiens. Ce projet de *poste électrique*, qui a été abandonné, mériterait certainement d'être repris. La locomotive électrique de M. Deprez figurait à l'Exposition, ainsi que le petit train postal de MM. Siemens, qui se composait d'une machine motrice Siemens montée sur un chariot à quatre roues. Le courant lui arrivait par les rails et les roues, et son mouvement entraînait celui des boîtes métalliques montées également sur roues, où se trouvaient renfermées les dépêches. Les calculs de M. Deprez prouvent qu'une force de 12 chevaux suffirait au transport des dépêches sur tout le réseau souterrain de Paris; actuellement, ce travail fait par la poste pneumatique exige une force de 120 chevaux.

Terminons ce paragraphe en citant une application intéressante de l'électricité à la traction des chemins de fer, bien qu'il ne s'agisse plus ici de transmission de force à distance. L'importante blanchisserie de toile de lin de M. P. Duchesne-Fournet, au Breuil-en-Auge (Calvados), possède un petit chemin de fer servant au transport des pièces de toile et à leur relevage sur le terrain où elles sont chaque jour exposées à l'action du soleil. La locomotive est mue par une machine dynamo-électrique Siemens à renversement de marche, qui est actionnée par des accumulateurs Faure, situés dans un tender attelé à la locomotive. En agissant sur la manette d'un commutateur, le conducteur peut à volonté mettre en marche le train dans un sens ou dans l'autre, en régler la vitesse, ou bien mettre le moteur en prise avec un treuil qui sert au relevage des toiles étendues sur le pré. Les accumulateurs sont chargés par le courant de la machine Gramme qui sert à éclairer l'usine.

V

Applications de la transmission électrique de la force dans les mines.

On commence à faire usage des machines électriques dans l'exploitation des mines, pour l'extraction des minerais ou de la houille. Nous citerons, comme exemple de cette application de la transmission de la force par l'électricité, l'installation faite aux mines de la Péronnière par les ingénieurs MM. Charousset et Bague. Il s'agissait de faire mouvoir un treuil installé à 555 mètres de profondeur dans la mine à la tête d'une descente, de manière à amener les bennes de houille extraites 40 mètres plus bas jusqu'au niveau de roulage de l'un des puits d'extraction. Une machine à vapeur horizontale, système Meyer, fut installée à l'extérieur d'un autre puits, situé à 1 200 mètres du treuil; elle donnait le mouvement à deux machines Gramme à l'aide de deux poulies agissant par friction sur deux galets en papier comprimé dont l'axe de chaque machine est muni à ses extrémités. La vitesse de rotation des deux génératrices est de 1 300 tours par minute. Deux autres machines Gramme, installées à l'intérieur de la mine auprès du treuil, reçoivent le courant engendré par les premières à l'aide de deux câbles réunissant pour chaque couple les pôles de noms contraires de la machine génératrice et de la machine motrice [1]. Ces conduc-

---

1. Le parfait isolement des conducteurs a une grande importance. Cet isolement, dans le cas que nous citons, était ainsi obtenu : les fils étaient recouverts de deux couches de coton paraffiné; d'une couche de 6 millimètres de gutta-percha; de deux tresses de toile chattertonnée, et d'une forte tresse de coton-goudron. Pour préserver l'enveloppe en coton contre

teurs sont formés chacun de 16 fils de cuivre parfaitement pur, de 1 millimètre de diamètre. Les machines motrices tournent avec une vitesse qui varie entre les 0,6 et les 0,9 de celle des génératrices. Dans ces conditions, le treuil peut monter jusqu'à 4 bennes de 400 kilogrammes en 160 secondes, effectuant ainsi un travail utile de 400 kilogrammètres par seconde, puisque la hauteur est de 40 mètres. La machine à vapeur développant un travail de 1 530 kilogrammètres, le rendement pratique est d'un peu plus de 26 pour 100. Mais si l'on considère le rendement électrique des machines Gramme motrices comparées aux machines génératrices, le rendement s'élève à 64 pour 100. Les ingénieurs qui ont fait cette installation résument en ces termes les conclusions résultant des observations faites pendant les six premiers mois : « Nous croyons que l'électricité, disent-ils, employée pour transmettre la force (dans les mines), pourra remplacer avantageusement, au point de vue du rendement, du coût de l'installation, et surtout de l'entretien, l'air comprimé et la traction mécanique, principalement dans les cas suivants :

« 1° Lorsque la mine ne sera pas trop grisouteuse;

« 2° Lorsque la distance entre la source d'électricité et le récepteur sera longue;

« 3° Lorsque les galeries, devant recevoir les organes de transmission, comme câbles, tuyaux ou chaînes, seront sinueuses et surtout lorsqu'on ne disposera, pour la pose de la transmission, que d'une série de galeries et de faux puits se raccordant à angle droit. »

l'humidité et les gaz chauds, MM. Charousset et Bague ont enduit les câbles d'une matière très isolante, formée de 57 parties de goudron de Norvège, de 38 de résine et de 5 de suif. Cette dernière précaution n'est indispensable que dans les parties humides du parcours des conducteurs.

CHAPITRE III

LE PHONOGRAPHE

———

I

Premier phonographe d'Edison.

Peu de temps après que Graham Bell, l'inventeur
du téléphone, eut fait de son merveilleux appareil un
instrument pratique approprié à toutes les exigences
d'une conversation à distance, arriva d'Amérique la
nouvelle d'une invention plus étonnante encore,
sinon plus utile. Elle était due à un homme dont les
découvertes multipliées dans le domaine des applications scientifiques, et notamment de l'électricité,
devaient rapidement rendre le nom célèbre dans le
monde entier, à Thomas Edison.

L'appareil imaginé par l'inventeur américain avait
un double objet, donnait la solution d'un double
problème qui peut s'énoncer en ces termes : premiè-
rement, enregistrer, soit les sons musicaux, soit surtout ceux de la voix humaine, d'une façon durable,
tangible, laissant en un mot des traces permanentes
et caractéristiques des vibrations qui donnent naissance à ces sons; deuxièmement, utiliser ces traces
pour reproduire, dans toutes leurs nuances, les vibra-

tions primitives, c'est-à-dire reproduire, au bout d'un intervalle de temps quelconque, les sons de la voix humaine ou les sons musicaux.

Edison appela *phonographe* [1] l'appareil inventé par

Fig. 81. — Phonographe d'Edison; forme primitive.

lui, et qui, comme on va le voir, réalisait ces difficiles conditions.

A l'origine, le phonographe d'Edison n'avait rien qui intéressât l'électricité; sa description n'eût pas été ici à sa place, mais bien dans un livre traitant des phénomènes et des applications de l'acoustique. Mais sous sa forme actuelle, c'est à l'électricité qu'il emprunte le mouvement de ses principaux organes; cela justifie donc les détails où nous allons entrer.

Toutefois le lecteur saisira mieux le principe du phonographe, si nous commençons par dire ce qu'il était au début, dans la simplicité de sa construction originelle.

---

1. Le mot *phonographe* (inscripteur des sons) n'exprime que la première des deux conditions du problème.

Un cylindre enregistreur R, mû par une manivelle M, monté sur un axe horizontal fileté AA que
portent deux supports TT, est susceptible de prendre

Fig. 82. — Détails du phonographe.

deux mouvements, l'un de rotation sur son axe, l'autre
de translation dans le sens de cet axe.

Une embouchure de téléphone E est fixée au-devant
du cylindre à peu de distance de son arête supérieure. La lame vibrante chargée de recevoir et de
transmettre les sons émis devant l'embouchure est
munie sur sa face postérieure d'une pointe traçante
que l'on voit en s (fig. 82); cette pointe, comme on
peut le voir, n'est pas directement fixée sur la lame,
mais portée par un ressort r. Un tampon de caoutchouc c est interposé entre la lame et la pointe; c'est

par son intermédiaire que celle-ci reçoit les vibrations de la plaque. Voyons maintenant comment se fait sur le cylindre l'enregistrement de ces vibrations.

La surface du cylindre n'est pas unie; elle porte une rainure hélicoïdale dont le pas est précisément égal à celui de la vis qui constitue l'axe et lui imprime son mouvement de translation. La pointe traçante est engagée dans la rainure, que dès lors elle parcourt aussitôt que la manivelle est manœuvrée par l'opérateur.

Quand on veut opérer, on entoure le cylindre d'une mince feuille d'étain qu'on presse contre sa surface de façon qu'elle en épouse légèrement les rainures. On dispose alors le support de l'embouchure téléphonique, support qui peut pivoter sur lui-même quand on desserre la vis R, jusqu'à ce que la pointe traçante soit engagée juste à l'origine des rainures du cylindre. La personne dont il s'agit de reproduire la voix approche la bouche de l'embouchure et parle aussi distinctement que possible; en même temps, elle tourne la manivelle lentement et régulièrement, de façon à imprimer au cylindre un mouvement de rotation et de translation uniforme; le volant V que porte l'axe a pour but d'obtenir plus sûrement cette régularité. Sous l'action de la voix, la lame vibrante du téléphone transmet ses vibrations à la pointe traçante, qui imprime à la feuille d'étain, le long de ses rainures, une série de dépressions plus ou moins profondes et plus ou moins espacées, laissant ainsi la marque persistante des inflexions de la voix.

Cette première phase du fonctionnement du *phonographe* est celle qui a pour objet l'enregistrement des sons. Avant Edison, on avait déjà résolu le problème; tous les traités de physique décrivent divers procédés enregistreurs, ceux de Duhamel, de Kœnig, de Scott, etc., avec cette différence toutefois que les

traces des vibrations étaient purement graphiques.
Le phonographe donne des traces matérielles tangi-
bles : c'est ce qui rend possible la solution de la reproduction des sons émis, avec toutes leurs propriétés
distinctives.

La feuille d'étain, avec son gaufrage, l'imperceptible
pointillé de sa surface, va permettre, en effet, d'entendre à nouveau et à plusieurs reprises la voix qui
leur a donné naissance. Il suffit, pour obtenir ce résultat, de recommencer simplement la manœuvre que
nous venons de décrire. On replace le style traçant
au point de départ des rainures qu'il a parcourues;
puis on fait tourner le cylindre, en lui donnant le
même mouvement régulier; mais, cette fois, ce n'est
plus la voix qui fait entrer en vibration la lame téléphonique : c'est le style qui, repassant sur le fond
des mêmes rainures, subit la même série de mouvements ondulatoires, les communique à son tour à la
lame vibrante, et engendre les mêmes ondes sonores
qu'à l'origine. En plaçant l'oreille, au lieu de la bouche, à l'ouverture du téléphone, on entend la succes-
sion des paroles mêmes prononcées auparavant, un
peu affaiblies on le conçoit, par les pertes de force
vive subies par le fait même de la double transformation mécanique des mouvements vibratoires.

Tel est, en substance, le phonographe d'Edison,
dans sa forme primitive. Cette forme, on le voit, est
d'une simplicité extrême. Quand la nouvelle de l'invention parvint en Europe, elle fut accueillie par le
monde savant avec une certaine dose d'incrédulité, qui
n'était que le témoignage de l'extrême difficulté de la
solution du problème aux yeux des physiciens les
plus compétents. Mais il fallut bien reconnaître que
cette solution était trouvée, quand l'appareil fonctionna dans la salle même des séances de l'Académie
des sciences de Paris.

L'inventeur, du reste, reconnut facilement qu'il restait beaucoup à faire pour que le phonographe devînt un instrument vraiment pratique, susceptible de répondre aux applications variées que l'imagination ne manqua point de lui trouver. Il avait des défauts sensibles : la voix reproduite était le plus souvent grêle, les mots étaient loin d'être reproduits avec une égale netteté, le mouvement du cylindre n'avait pas l'uniformité désirable, et, quand il s'agissait de le reproduire, il était difficile de le répéter un peu fidèlement. Ce dernier inconvénient, peu sensible pour la voix articulée, le devenait beaucoup pour les sons musicaux, dont l'acuité était altérée en raison des différences de vitesse qui résultaient pour ainsi dire inévitablement du mode de production du mouvement.

II

Le phonographe perfectionné; emploi de l'électricité.

Edison a successivement corrigé, en grande partie du moins, ces défectuosités de l'appareil primitif. Il substitua au mouvement manuel un mouvement d'horlogerie. Puis il y appliqua, comme il était aisé de le prévoir d'un électricien aussi expérimenté, un mouvement emprunté à l'électricité. D'autres perfectionnements importants dont le détail n'est pas d'ailleurs encore complètement connu, furent apportés par lui à ce merveilleux instrument. On va se faire toutefois une idée de ce qu'est le phonographe actuel par la description succincte et par les expériences récentes que nous allons emprunter aux *Comptes rendus* de l'Académie des sciences. Les figures aideront aussi à l'intelligence du mécanisme de l'appareil nouveau.

M. Janssen ayant été prié par M. le colonel Gouraud, au nom de M. Edison, d'accompagner la présentation de l'appareil de quelques mots d'explication, le fit dans les termes suivants :

« Les perfectionnements apportés au nouveau phonographe portent principalement sur trois points :

Fig. 83. — Le phonographe électrique Edison.

« Tout d'abord, l'organe unique destiné à produire, sous l'influence de la voix ou des instruments, les impressions sur le cylindre, et à reproduire ensuite les sons par l'action du cylindre, a été dédoublé. Ce dédoublement me paraît très heureux et très important. Il a permis d'approprier d'une manière beaucoup plus précise l'organe à la fonction spéciale qu'il doit remplir.

« Ainsi, dans le nouvel appareil, l'inscription de la membrane vibrante se fait au moyen d'un style dont la pointe est façonnée de manière à entamer et couper la matière assez ductile (la cire) et de consistance bien appropriée qui forme les nouveaux cylindres.

« Il résulte de cette action du style inscripteur un copeau d'une délicatesse extrême et sur le cylindre un sillon qui traduit les mouvements les plus délicats

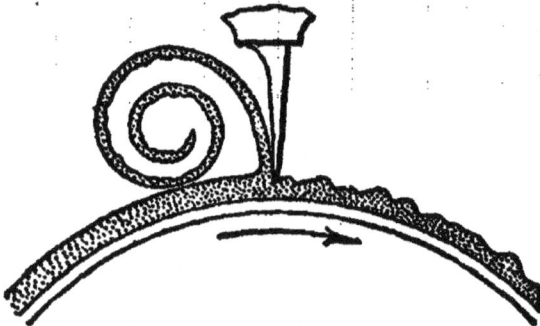

Fig. 84. — Copeau de cire détaché par le style du cylindre inscripteur du phonographe.

de la membrane vibrant sous l'action de son générateur.

« Si le style inscripteur a été construit de manière à produire un sillon traduisant aussi rigoureusement que possible les mouvements de la membrane vibrante, le style et la membrane reproducteurs du son ont été combinés au contraire pour recevoir de ce sillon leurs mouvements vibratoires sans altérer celui-ci, et M. Edison a si bien atteint ce but, qu'on peut reproduire un nombre presque illimité de fois la parole inscrite sans altération sensible.

« ..... La substitution à la feuille d'étain d'une matière plastique, qui se laisse découper avec une grande précision et sans exiger d'effort appréciable, est aussi fort heureuse.

« Le troisième perfectionnement très important regarde les mouvements. Dans l'ancien appareil, c'est le cylindre inscripteur qui se déplaçait. Dans le nouveau, c'est le petit appareil qui porte les membranes et les styles. Le mouvement est donné par l'électricité. Un régulateur à boules muni d'un frein permet d'obtenir des vitesses variables, et, par suite, une émission des sons plus ou moins rapide. Mais, dans tous les cas, l'appareil est construit d'une manière si parfaite, qu'on peut rapidement mettre en accord le mouvement de translation des styles et celui de rotation du cylindre, accord qui doit être rigoureux pour la bonne émission des sons et la conservation des cylindres qui portent les inscriptions. Ainsi, l'on peut ralentir ou précipiter l'émission des sons ou l'interrompre et la reprendre à tel point qu'on veut, ou encore recommencer l'émission tout entière autant de fois qu'on le désire. »

III

Expériences phonographiques. Utilité et applications diverses du phonographe électrique.

A ces explications sommaires du savant académicien, que la figure 83 rendra encore plus claires, nous ajouterons un complément indispensable, le récit des expériences qui ont été faites à la même séance de l'Académie des sciences, à l'aide du phonographe que présentait le colonel Gouraud, et celui de quelques autres expériences antérieures.

Parmi ces dernières, M. Gouraud cite celle dont fut témoin l'un de nos plus célèbres compositeurs, Gounod, qui se serait écrié, après avoir entendu le phonographe répéter son *Ave Maria*, qu'il avait chanté en s'accompagnant lui-même : « Que je suis heureux de n'avoir pas fait de faute ! Comme c'est fidèle ! mais c'est la fidélité sans rancune ; et qu'est-ce qui accom-

plit tout ceci ? Quelques petits morceaux de bois, de
fer et de cire et de ces petits riens qui en apparence
insignifiants, comme dans toutes les grandes inven-
tions, en sont pour ainsi dire l'âme et la partie essentielle, et surtout le génie de l'homme qui l'a inventé. »

Le phonographe actuel, outre le chant, la musique,
même s'il s'agit de tous les sons d'un orchestre
complet, répéta la voix humaine dans toutes les
langues. Devant l'Académie, on l'a fait reproduire
quelques mots de chacune des langues suivantes :
français, anglais, espagnol, italien, hollandais, grec,
latin, syriaque, turc, hébreu, arabe. Il a reproduit, à
l'universelle admiration des savants qui l'écoutaient :
la *Marseillaise*, jouée par la musique militaire des
gardes de la reine (Victoria); *Hail Columbian*, jouée
par les mêmes exécutants; *Marche du régiment*; duo
de piano et cornet à piston, musique de Gounod;
Ave Maria, de Gounod, chanté et accompagné par
lui-même. »

Le colonel Gouraud raconte en ces termes la réception qu'il fit, étant en Angleterre avec sa famille, du
premier phonogramme que lui envoyait Edison :

« Dans cette première lettre parlante, dit-il, on
entendit Edison, comme s'il était assis devant nous,
parlant, toussant, riant, et finissant sa lettre en
exprimant le plaisir qu'il aurait à entendre ma voix,
au lieu de se fatiguer à lire ma mauvaise écriture.
Par la même poste, on entendit aussi des morceaux
de musique qui avaient été joués en Amérique, le
son des bruits de son laboratoire, tels que le bruit du
marteau sur l'enclume, celui de la lime sur le fer, et
finissant par les hourrahs poussés par les ouvriers en
l'honneur du départ de la première voix qui se mettait
en voyage. Tous ces sons étaient si clairs et distincts,
que l'on pouvait se passer de la voix d'Edison annonçant leur origine.

« Je lui accusai réception de ce merveilleux cadeau et lui envoyai mes félicitations de ma propre voix (ce fut donc la première qui fut envoyée d'Europe en Amérique); puis se succédèrent les félicitations d'un très grand nombre d'hommes distingués dans les arts et les sciences en Angleterre, le remerciant du don inappréciable qu'il venait de faire à l'humanité. Déjà la France a suivi l'Angleterre, car notre ancien président, M. Janssen, a été le premier qui ait fait entendre la langue française dans le laboratoire d'Edison au moyen du phonographe [1]. »

Voici maintenant, toujours d'après le correspondant et l'ami de l'illustre inventeur, un aperçu de l'emploi qu'on peut faire du phonographe (qu'on en fait sans doute dès maintenant aux États-Unis, s'il est vrai qu'on y fabrique jusqu'à douze cents phonographes par jour):

1° Dicter la correspondance et la faire transcrire à loisir par un employé;

2° Transmettre sa voix par la poste au moyen du *phonogramme* (c'est-à-dire du cylindre de cire) sur lequel elle a marqué ses traces;

3° Les hommes d'État, les avocats, les prédicateurs et l'orateur peuvent étudier leurs discours, ayant l'avantage inappréciable d'enregistrer leurs idées au fur et à mesure qu'elles se présentent, avec une rapidité que l'articulation seule peut égaler; ils peuvent surtout s'entendre parler, comme les autres les entendent. Les auteurs, les chanteurs peuvent répéter leurs rôles, afin de corriger leur articulation et leur prononciation. Les journalistes peuvent parler leurs articles, au lieu de les écrire.

La voix des hommes célèbres pourra être conservée indéfiniment, de même que celle de parents que l'on aime ou les derniers adieux des mourants.

---

1. *Comptes rendus de l'Académie des sciences*, avril 1889.

Edison, quelques mois plus tard, assistait en personne à une séance de l'Académie des sciences, où il fut accueilli avec l'empressement et les hommages dus à son génie d'inventeur. Il vit en passant, dans la salle des Pas-Perdus, les bustes de plusieurs savants, notamment celui d'Ampère, le grand électricien, et il exprima le regret que la voix de ce fondateur des théories électro-magnétiques n'ait pu être conservée comme elle pourrait l'être maintenant, s'il vivait encore. En même temps, il proposait aux académiciens actuels d'obtenir des phonogrammes de chacun d'eux, que l'Académie conserverait dans les archives et qui, pour l'avenir, répondrait à ce désir d'entendre la voix de ceux qui ne sont plus.

CHAPITRE IV

L'ÉCLAIRAGE ÉLECTRIQUE

I

Régulateurs des lampes photo-électriques.

Ap ès la lumière du Soleil, la lumière électrique, celle qui jaillit entre les deux cônes de charbon terminateurs des rhéophores d'une pile puissante, d'une forte machine d'induction, est la plus éblouissante de celles qu'on sait produire artificiellement à la surface de la Terre. Aussi n'a-t-on pas manqué dès l'origine d'utiliser cette lumière pour un grand nombre d'applications industrielles, militaires, scientifiques; puis on commença partout à s'en servir pour l'éclairage public des rues et des places des grandes cités, pour les travaux qui demandent à ne pas être interrompus pendant la nuit, pour les constructions sous-marines, les travaux des galeries de mines, les reconnaissances militaires nocturnes, la marine, les phares, enfin pour les effets singuliers de décoration dans les représentations théâtrales. Dans la plupart de ces applications si diverses, le succès a couronné les tentatives faites, mais non sans nécessiter des recherches spéciales et la solution de difficultés particulières.

La production de l'arc voltaïque n'est pas le seul moyen qu'on ait trouvé d'obtenir une lumière électrique assez intense pour qu'on puisse la faire servir à l'éclairage. Quand on interpose dans le circuit d'un courant une substance d'une conductibilité relative assez faible ou offrant une grande résistance, comme une baguette de charbon, un fil de métal peu fusible, platine ou iridium, il se produit une élévation de température considérable qui porte la substance en question à l'incandescence, et peut l'y maintenir assez longtemps pour que la lumière qui en provient puisse être employée à l'éclairage. De là deux catégories d'appareils pour l'éclairage électrique : ceux qui utilisent l'arc voltaïque, ceux qui emploient la lumière produite par incandescence. Nous allons commencer par la description des appareils de la première catégorie, qui sont aussi les plus anciens.

Une des principales difficultés de l'emploi de l'*arc voltaïque* consiste dans sa discontinuité. On sait, en effet, que, lorsque se produit le jet lumineux entre les deux cônes de charbon, le courant transporte d'un cône à l'autre des parcelles excessivement ténues de matière : l'un des charbons paraît s'allonger aux dépens de l'autre; mais, en définitive, par le fait de la combustion, la distance des deux pointes va en augmentant; à mesure qu'elles s'émoussent, le courant s'affaiblit, l'intensité de la lumière décroît et, au bout d'un certain temps, peut finir par s'éteindre. Dans le cas où le courant employé est celui d'une pile voltaïque ou d'une machine génératrice à courants continus, c'est-à-dire conserve constamment le même sens, l'usure des cônes de charbon est dans le rapport de 1 à 2 : c'est le charbon positif qui s'use le plus vite. Si la machine employée est une machine d'induction, où le courant change de sens à chaque révolution, chacun des charbons se trouve être alternativement positif et négatif; l'usure est la même pour tous les deux. Dans tous les cas, on comprend la nécessité où l'on se trouve, pour obtenir une source de lumière continue, de maintenir les pointes des deux cônes à une distance sensiblement constante. C'est à quoi on est parvenu au moyen des appareils qu'on nomme *régulateurs*.

Le principe des régulateurs de la lumière électrique est le courant lui-même : c'est la force électrique qu'on a précisément chargée de rapprocher les charbons, de les maintenir à une distance convenable. Pour cela, on fait traverser au courant les spires de la bobine d'un électro-aimant; une armature de fer doux vient au contact de ses pôles quand le courant a une intensité suffisante, c'est-à-dire pendant tout le temps que les extrémités des cônes de charbon sont assez rapprochées pour donner lieu à un arc lumineux d'intensité convenable. En ce cas, l'armature est en rapport avec un mécanisme moteur, avec un rouage d'horlogerie qu'elle embraye; ce rouage ne fonctionne point, c'est-à-dire ne peut rapprocher les tiges qui portent les deux cônes de charbon. Ces derniers s'usent peu à peu, leur distance augmente, la résistance au passage du courant s'accroît et l'intensité du courant diminue. Un ressort antagoniste, qui maintient l'armature, finit par l'emporter sur l'attraction de l'électro-aimant; le contact cesse et le mouvement de l'armature désembraye le rouage moteur. Ce rouage fonctionne donc de façon à rapprocher l'un de l'autre, dans une mesure convenable, les deux cônes. Alors le courant reprend peu à peu son intensité, un nouveau contact de l'armature s'ensuit, et le mouvement s'arrête, pour recommencer et s'arrêter ainsi indéfiniment.

Le principe des régulateurs bien compris — la

première réalisation et la première idée en sont dues à Léon Foucault, — on comprendra sans peine le mécanisme et le fonctionnement des plus usités de ces appareils.

Voici d'abord le *régulateur Duboscq*, qui avait été imaginé pour utiliser les courants continus fournis par les piles : ce savant et habile constructeur avait surtout en vue les applications scientifiques de la lumière électrique, et les auditeurs des cours publics de physique à la Sorbonne et ailleurs peuvent se rappeler avoir vu fonctionner son régulateur dans les expériences de projections microscopiques. L'arc voltaïque suppléait ainsi aux rayons solaires absents.

La figure 85 représente ce régulateur.

c et c' sont les deux crayons de charbon entre les pointes desquels jaillit l'arc lumineux. Le courant qui détermine la production de la lumière part du pôle positif de la pile, entre par la borne R, suit le fil q, la bobine de l'électro-aimant BB, la tige T, passe de c en c', et de là, par les tiges T' et T, jusqu'à la borne R' qui est en communication avec le pôle négatif de la pile.

Un contact mobile K, placé en regard du noyau de fer doux de l'électro-aimant, est attiré par les pôles de celui-ci quand le courant conserve une intensité suffisante, c'est-à-dire quand les charbons sont suffisamment rapprochés. Alors ce contact appuie sur le bras horizontal du levier coudé L, mobile autour de F'. Le bras vertical L de ce levier, par l'intermédiaire d'un levier plus court *lm*, embraye une roue dentée que porte le régulateur *g* du rouage. Le mouvement de ce rouage est donc arrêté tant que le contact a lieu.

L'usure des charbons, le trop grand éloignement qui en est la conséquence, affaiblit le courant; le ressort antagoniste *s* l'emporte, éloigne l'armature des

pôles de l'électro-
aimant, et la désem-
brayage a lieu. Le
rouage pp' se met
alors en mouvement,
et les deux tiges à
crémaillère S et T
marchent en sens
contraire; les char-
bons c et c' se rap-
prochent, le courant
et l'arc lumineux re-
prennent leur pre-
mière intensité, ce
qui détermine un
nouveau contact et
un nouvel arrêt. Et
ainsi indéfiniment.
La roue dentée qui
fait marcher la cré-
maillère T a un rayon
double de celui de la
roue qui fait descen-
dre la crémaillère S.
Ainsi le charbon po-
sitif fait un chemin
double du chemin
parcouru par le char-
bon négatif. L'arc lu-
mineux demeure
ainsi à une hauteur
constante.

Voyons mainte-
nant les *régulateurs
Foucault* et *Serrin*,

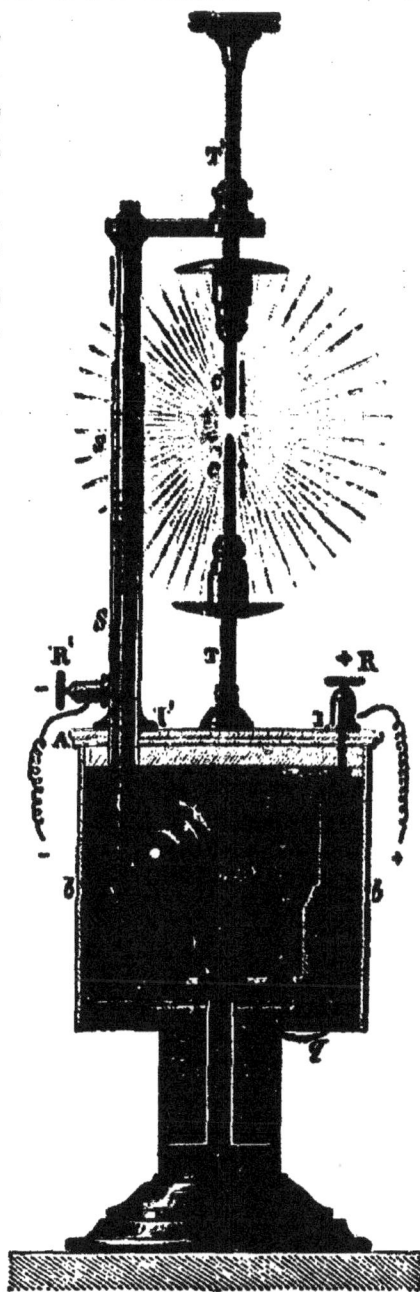

Fig. 85. — Régulateur photo-électrique
Duboscq.

tous les deux employés dans les applications industrielles de la lumière électrique La figure 86 représente le premier de ces appareils.

Les tiges à crémaillère H et D qui portent les charbons sont à peu près disposées comme dans le régulateur Duboscq ; seulement les roues dentées qui les
font mouvoir peuvent tourner dans deux sens opposés, parce qu'elles sont en relation avec un double
mouvement d'horlogerie, dont l'un est embrayé pendant que l'autre est en marche. De la sorte, les cônes
de charbon sont susceptibles soit de se rapprocher,
soit au contraire de s'éloigner l'un de l'autre. Ce
recul automatique des charbons dispense de la mise
en train à la main, et prévient aussi leur contact
accidentel, d'où résulterait une extinction de l'arc
lumineux.

Les deux rouages sont munis de deux volants ou
régulateurs à ailettes o, o', sur chacun desquels vient
agir alternativement la tête t d'un levier T, que fait
mouvoir l'armature de l'électro-aimant E. Quand le volant o est en prise, le rouage correspondant est arrêté,
mais alors o' est dégagé et son rouage moteur libre. Un
mouvement inverse de l'armature et du levier T produit un effet opposé. Disons maintenant dans quelles
circonstances et par quel mécanisme se produisent
ces mouvements contraires.

F est l'armature que les pôles de l'électro-aimant
E attirent au contact, si l'intensité du courant dépendant de la distance des charbons est suffisante pour
vaincre l'action du ressort antagoniste R. Celui-ci agit
non directement sur la branche P du levier F, mais
sur un levier situé au-dessus et mobile en X. Quand
le courant a son intensité normale, la tige T est verticale, et les deux rouages, tous deux embrayés, sont
immobiles. Le courant vient-il à s'affaiblir, F s'éloigne des pôles, la branche T s'incline vers la droite,

et le volant o' est seul embrayé : c'est le rouage de gauche, déterminant le rapprochement des charbons, qui se met en mouvement. Le courant reprend progressivement sa force, le levier marche en sens contraire; et si l'intensité dépasse une certaine limite, c'est-à-dire si les charbons se rapprochent plus qu'il n'est nécessaire, c'est le rouage produisant le recul qui se met en marche, pendant que l'autre est arrêté. A l'aide d'une vis qui agit sur le ressort R, on peut régler convenablement la tension de ce ressort, suivant l'intensité du courant employé. Enfin, en modifiant l'une des pièces du mécanisme, on peut rendre égales les vitesses des deux crayons, ou bien faire marcher le charbon

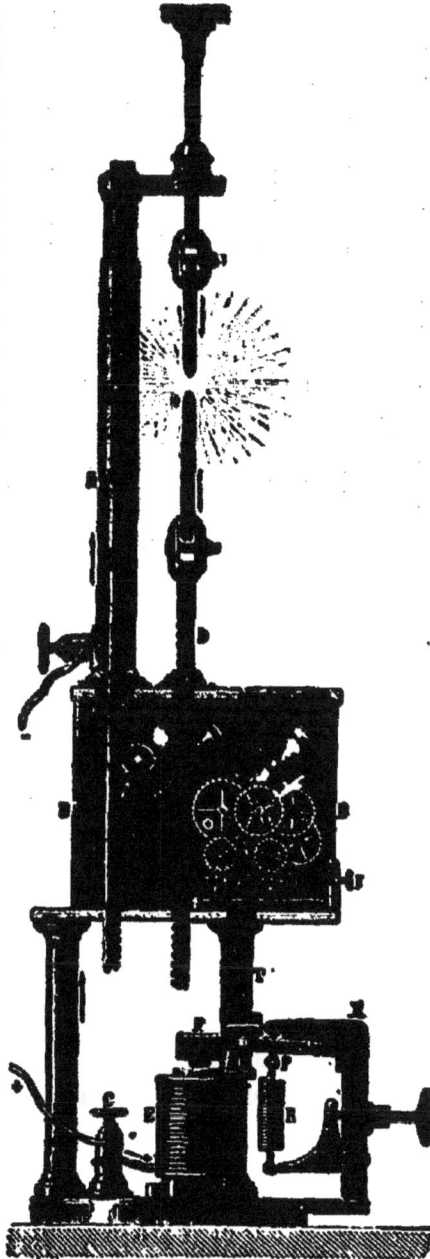

Fig. 86. — Régulateur photo-électrique Foucault.

positif deux fois plus rapidement que l'autre. Le régulateur peut donc fonctionner aussi bien avec une pile qu'avec une machine magnéto-électrique.

Le levier X qui agit sur la branche P de l'armature a sa face inférieure légèrement courbée, de sorte que le point où ce levier agit change de position : l'action du ressort est donc elle-même variable, et cela selon l'intensité du courant. Comme la courbure dont il s'agit est très faible, il en résulte que les mouvements oscillatoires de l'armature sont eux-mêmes très petits, et que le rapprochement ou le recul des charbons n'a lieu que par une gradation presque insensible. De là une constance remarquable dans l'intensité de la lumière.

Dans le *régulateur Serrin* (fig. 87), le porte-charbon supérieur AB porte une crémaillère qui engrène avec la roue dentée F; par son propre poids, il tend à descendre avec lui le charbon c, et à faire tourner la roue dentée. Sur l'axe de celle-ci est calée une poulie G, qui, par une chaîne Galle et une poulie de renvoi J, communique un mouvement ascendant à la tige KK portant le charbon inférieur. Ce mouvement a lieu toutes les fois que le courant ne passe pas, et amène ainsi les charbons au contact. Dès que le circuit est fermé et le courant introduit dans l'appareil, l'électro-aimant E détermine l'attraction d'un cylindre de fer doux A; ce dernier fait partie d'un quadrilatère oscillant TUSR qui s'abaisse avec l'armature, et fait descendre le tube porte-charbon KK avec lequel il est lié. Une pièce de forme triangulaire d, du système oscillant, vient alors butter contre l'une des palettes du moulinet d'encliquetage ee, ce qui produit l'arrêt du rouage. Les deux charbons se trouvent alors séparés, et il y a formation instantanée de l'arc voltaïque. La lampe à cet instant commence à fonctionner.

Fig. 87. — Régulateur de la lampe photo-électrique Serrin.

Mais, peu à peu, les charbons se consumant, leur écartement augmente; l'arc voltaïque croît en dimensions, et l'intensité du courant diminue par suite de l'accroissement de la résistance. Il résulte de là une aimantation moins énergique du fer doux de l'électro-aimant, et une moins forte attraction de l'armature A, qui cède à l'action des ressorts antagonistes tels que R. Le système oscillant remonte alors, entraîne vers le haut le cliquet d, de sorte que le moulinet se trouve dégagé, et le rouage fonctionne à nouveau. De là un nouveau rapprochement des cônes de charbon, par suite intensité plus grande du courant, attraction de l'armature, et ainsi indéfiniment, jusqu'à ce que l'usure des charbons soit trop considérable et nécessite leur renouvellement. Le fonctionnement de la lampe et la durée de la lumière produite se trouvent ainsi assurés d'une façon continue, et ne dépendent plus que du choix convenable de la longueur des charbons, calculés pour le temps qu'on veut assigner à l'éclairage.

Le courant arrive par une borne au tube AB, passe du charbon supérieur au charbon inférieur, suit le tube KK, et par une lame l à forme ondulée, entre dans la bobine de l'électro-aimant; de là il va au bouton n, qui communique lui-même avec le pôle négatif de la pile ou de la machine magnéto-électrique employée.

Ajoutons que les diamètres de la roue F et de la poulie G sont calculés de façon à avoir le même rapport que les chemins parcourus par les deux charbons, chemins inégaux, puisque l'usure des charbons est inégale, et qu'il importe de maintenir le point lumineux à une hauteur constante.

La maison Siemens et Halske, de Berlin, construit un régulateur imaginé par M. Hafner Alteneck pour fonctionner avec sa machine magnéto-électrique. Ce système, qui est fort employé en Prusse, est représenté dans la figure 88. Les porte-charbons, tous

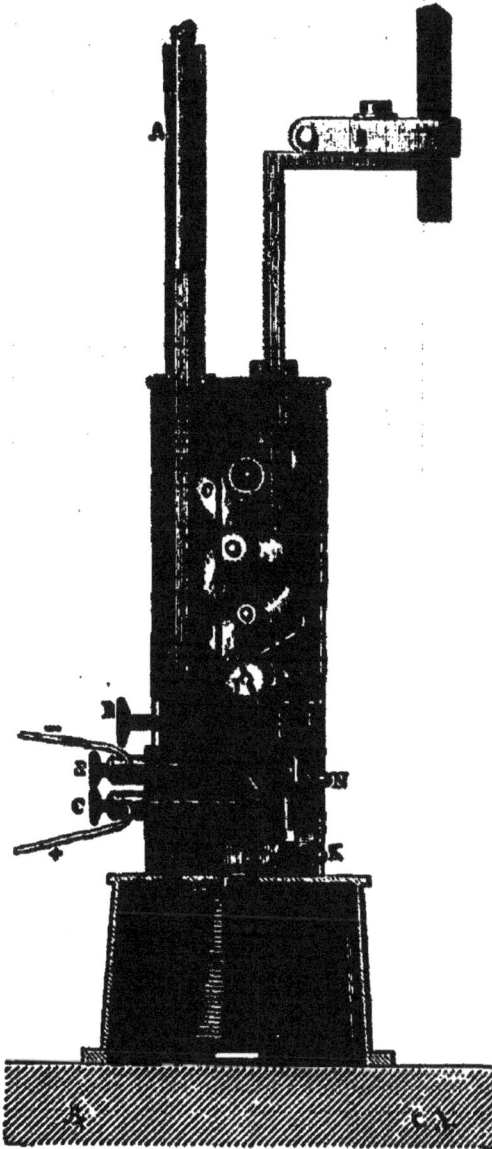

Fig. 88. — Régulateur Siemens.

deux mobiles, sont reliés par les crémaillères de leurs
tiges et par l'intermédiaire d'une roue dentée. Par

son poids, la tige A fait descendre le charbon positif
en même temps que remonte le charbon négatif. Par
ce mouvement de rapprochement des pôles, l'intensité du courant augmente; l'électro-aimant E attire
une armature M, prolongement d'un levier L coudé
autour de Y. Un cliquet d'arrêt Q est mis en mouvement par l'extrémité de la tige L, réagit par la roue
à rochet I sur les rouages du mécanisme, et détermine l'éloignement des pointes de charbon. Au même
instant un contact s'établit en X; le courant subit une
dérivation qui affaiblit l'électro-aimant, et provoque
le retour de l'armature à sa position initiale. Le levier
reprend aussi la sienne, le contact est détruit en X;
une nouvelle attraction a lieu, et ainsi de suite. En
résumé, par l'action du poids du porte-charbon positif sur les rouages, les charbons se rapprochent et,
au début, arrivent au contact. Les charbons rougis-
sent, l'électro-aimant devient actif, l'action de l'armature et du levier provoque un mouvement des
rouages en sens inverse; l'arc naît, grandit avec
l'usure des charbons, et dès que l'écart devient trop
grand, l'affaiblissement du courant faisant cesser l'action de l'électro-aimant, c'est le mouvement inverse,
c'est-à-dire le rapprochement des charbons qui a
lieu. Des vis de réglage et des ressorts permettent
d'ailleurs d'équilibrer et de régulariser ce double
mouvement; d'autres servent à faire mouvoir simultanément les deux charbons, de manière à déplacer
le point lumineux sans éteindre la lumière.

II

Régulateurs à solénoïdes.

Parmi les appareils régulateurs fondés sur l'action
des électro-aimants, citons encore ceux de M. H.

Fontaine, de MM. Hiram-Maxim, Lontin, Gramme, Burgin et Mersanne.

On voit, par cette énumération, qui est loin d'être complète, combien les systèmes qui ont pour objet la production de la lumière électrique ou mieux de l'arc voltaïque sont déjà nombreux. Cependant nous n'avons fait que passer en revue l'une des catégories de régulateurs que nous avons dû nous proposer de décrire. En effet, les régulateurs dont il vient d'être question sont basés sur les variations d'intensité du courant qui fournit l'arc voltaïque; ces variations agissent sur un électro-aimant dont l'armature commande les rouages qui règlent la distance des pointes des charbons. Dans d'autres régulateurs, les variations d'intensité

Fig. 89. — Lampe Burgin.

agissent sur un solénoïde. Tel est le principe de l'appareil imaginé, dès 1848, par M. Archereau. Le charbon supérieur étant fixe, l'action d'un contrepoids convenablement calculé tendait à remonter le charbon inférieur au fur et à mesure de l'usure des pointes; mais, d'autre part, le charbon inférieur ou négatif reposait sur un cylindre mi-parti de fer et de cuivre placé dans un solénoïde traversé par le courant. L'action de ce solénoïde, en attirant la tige de fer, maintenait l'écart des charbons. L'inconvénient de ce système, provenant de ce que le point lumineux ne conserve pas une position fixe dans l'espace, l'a fait abandonner.

Dans le régulateur Jaspar (fig. 90), c'est, comme dans le système Archereau, l'action d'un solénoïde qui produit et maintient l'écart des charbons. Mais le charbon positif n'est pas fixe; il tend à descendre par le poids de la tige qui le supporte; celle-ci, à son extrémité inférieure, tire sur une corde engagée dans la gorge d'une poulie qui

Fig. 90. — Régulateur Jaspar.

tend à tourner dans un sens contraire à celui des aiguilles d'une montre. Une seconde poulie, de dia-

Fig. 91. — Lampe Jaspar.

mètre moitié moindre, tourne solidairement avec la première, et, par l'intermédiaire d'une corde attachée au porte-charbon négatif, tend à faire monter ce charbon d'une quantité moitié moindre que celle dont s'est abaissé le charbon positif, de sorte que la position du point lumineux reste constante. La distance des deux charbons est d'ailleurs réglée, ainsi que nous l'avons dit, par l'action du solénoïde sur la tige de fer doux du charbon négatif. L'équilibre entre les deux mouvements opposés qui tendent, l'un au rapprochement, l'autre à l'écart des charbons, est d'ailleurs obtenu à l'aide d'un contrepoids disposé sur un levier presque horizontal et qu'une tige permet de mouvoir le long de ce levier. On peut d'ailleurs, à volonté et selon les besoins, disposer le mécanisme au-dessus ou au-dessous du point lumineux.

Le régulateur de M. Gaiffe a ses deux porte-charbons mobiles, comme dans les régulateurs Foucault et Serrin, et le point lumineux reste fixe; mais c'est l'action magnétique d'une bobine sur la tige en fer doux du porte-charbon négatif qui détermine l'écart des pointes et le maintient après la production de l'arc.

La lampe Carré, que représente la figure 92, est, comme le dit M. Du Moncel, à qui nous en empruntons la description, un perfectionnement ingénieux des régulateurs d'Archereau et de Gaiffe. « L'action électro-magnétique est, en effet, comme dans ces régulateurs, basée sur les effets attractifs des solénoïdes; mais ces effets, par une disposition ingénieuse, se trouvent très amplifiés, et l'action mécanique est produite, comme dans les régulateurs de Serrin, Foucault, etc., par des rouages d'horlogerie agissant sur deux crémaillères D, E, adaptées aux porte-charbons, et commandés par un cliquet de détente mis en jeu par le système électro-magnétique. Ce système se compose de deux bobines BB', dont l'axe est légèrement recourbé et dans lesquelles

s'engagent les extrémités d'un noyau de fer doux AA'
recourbé en S, et qui
pivote en C sur sa par-
tie centrale. Un double
système de ressorts
antagonistes rr', con-
duits par un système
extenseur dépendant
d'une vis de réglage V,
permet de régler con-
venablement la force
opposée à l'attraction
des bobines, et une tige
t, adaptée au noyau
magnétique, réagit sur
le cliquet de la détente
du mécanisme d'hor-
logerie, dont les roua-
ges, en défilant, font
avancer les deux cré-
maillères dans le rap-
port convenable pour
maintenir le point lu-
mineux fixe. Le cou-
rant qui fournit l'arc
voltaïque traverse les
deux bobines, et, sui-
vant que son intensité
est plus ou moins for-
te, le noyau de fer est
attiré plus ou moins à
l'intérieur des bobines,
déterminant, pour un

Fig. 92. — Régulateur Carré.

affaiblissement suffisant, un mouvement du cliquet
de détente assez prononcé pour dégager le mécanisme d'horlogerie, et il en résulte le rapproche-

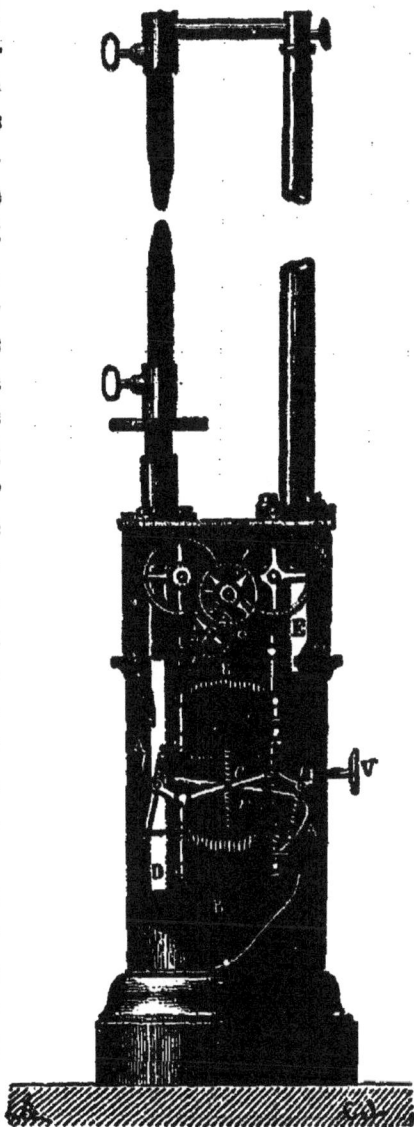

ment des charbons. » L'avantage principal du régulateur Carré est dans le mouvement d'écart des charbons qui se produit franchement et sans oscillations, ce qui tient à ce que la course de la pièce mobile du système électromagnétique est suffisamment grande, et l'effet attractif beaucoup moins brusque qu'avec les armatures articulées de l'électroaimant des autres systèmes.

La lampe Brush est un régulateur basé, comme les précédents, sur l'attraction d'un solénoïde A. A l'intérieur de la bobine que soutient un bras horizontal b, se meut un noyau cylindrique en fer doux d, qui est creux lui-même et est traversé par la tige en cuivre ff du porte-charbon supérieur. Le porte-charbon inférieur est foré.

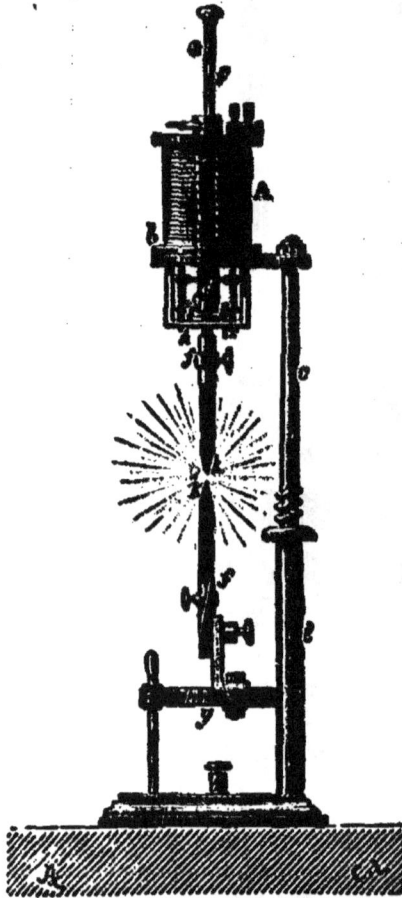

Fig. 93. — Régulateur Brush.

Quand le régulateur ne fonctionne pas, les deux pointes de charbon kk sont au contact; mais si l'on met les deux tiges en communication avec le courant, celui-ci traverse le système avec une intensité maximum. Le noyau magnétique d est soulevé; un crochet qu'il porte en e soulève en même temps un collier h qui enserre la tige de cuivre et entraîne celle-ci, de sorte que le charbon supérieur s'écarte du charbon inférieur, et l'arc voltaïque jaillit. Peu à peu l'usure des charbons agrandit leur distance, et quand une certaine limite est dépassée, l'affaiblissement du courant devient assez grand pour que l'attraction de la bobine cesse; le noyau magnétique retombe, et, avec lui, la tige supérieure ainsi que le collier. Les charbons se rapprochent jusqu'à ce que, le courant reprenant son intensité, une nouvelle ascension se reproduise.

III

Régulateurs à division ou polyphotes.

La plupart des appareils que nous avons décrits jusqu'ici sont destinés à régulariser un seul foyer lumineux. En disposant plusieurs lampes sur le même circuit, en tension, le fonctionnement ne tarderait pas à se déranger; en d'autres termes, celles dont les charbons s'useraient avec le plus de rapidité, dont les arcs s'allongeraient, absorberaient une portion du courant aux dépens des autres. Cependant la division de la lumière produite par une même source électrique a une trop grande importance pratique pour qu'on n'ait pas cherché à obtenir l'indépendance des lampes placées sur le même circuit et à les régler chacune, sans qu'on ait à craindre que, l'une d'elles venant à manquer pour une cause quelconque, les autres cessent de fonctionner régulièrement. Les appareils qui remplissent cette condition sont des régulateurs *polyphotes* ou *à division*, tandis que ceux qui n'admettent qu'une seule lumière sont des régulateurs *monophotes*.

On est parvenu à résoudre la difficulté de deux manières différentes, et les régulateurs polyphotes se divisent ainsi naturellement en deux catégories, selon que le principe de leur fonctionnement appartient à l'une ou à l'autre des méthodes, que nous allons faire connaître chacune par un exemple.

M. Lontin est l'inventeur du premier régulateur polyphote à *dérivation*. Son appareil n'est autre chose qu'un régulateur à parallélogramme oscillant, analogue au système Serrin; seulement l'électro-aimant qui détermine le mouvement de l'armature, au lieu d'être établi dans le circuit du courant général, l'est sur une dérivation. C'est là qu'est tout le principe du réglage, comme on va s'en rendre aisément compte.

Soit CD (fig. 94) le levier portant l'armature M, S la bobine de l'électro-aimant. Le courant qui produit l'arc passe par CD et arrive au charbon positif A, de là au charbon négatif B, puis va alimenter un autre régulateur : c'est, comme on voit, une dérivation du courant principal qui passe dans les spires de la bobine. Lorsque, par suite de l'écart des charbons, la résistance s'accroît dans l'arc, la portion du courant principal s'affaiblit, tandis qu'au contraire l'intensité du courant dérivé augmente jusqu'à ce que cet accroissement soit suffisant pour que la bobine agisse sur l'armature et que le mécanisme correspondant détermine le rapprochement des charbons. Dans le régulateur Lontin, la palette de l'armature est disposée de telle sorte que la lampe est toujours embrayée, et que le débrayage se produit seulement quand l'arc s'allonge par l'usure des charbons : c'est le contraire de ce qui arrive dans le régulateur Serrin.

En résumé, dans un régulateur à dérivation, ce ne sont plus les variations d'intensité du courant lui-même qui agissent sur le mécanisme, mais seulement

celles du courant dérivé. Les appareils intercalés dans
le circuit général sont de la sorte indépendants les
uns des autres. Aussi M. Lontin a-t-il pu placer sur
un même circuit et alimenter à l'aide d'une seule
machine jusqu'à douze régulateurs en tension. En se
servant pour générateur d'une de ses machines à
division, que nous décrirons plus loin, le nombre des
lampes de ce système a pu être porté à trente et un.

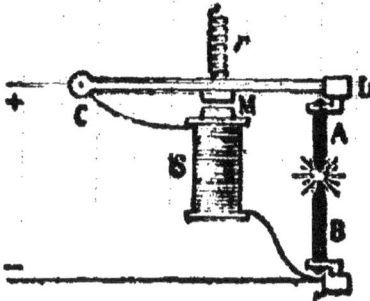

Fig. 91. — Principe des régulateurs polyphotes à dérivation.

Ce sont les régulateurs Lontin qui servent à l'éclairage de la gare de Lyon-Méditerranée, à Paris.

Parmi les régulateurs polyphotes basés sur le principe de la dérivation, citons ceux de MM. Gramme,
Mersanne, Gérard, Cance, Hippolyte Fontaine.

La seconde catégorie de régulateurs polyphotes
forme ce qu'on nomme les lampes *différentielles*, dont
la lampe de Siemens est le type. Le principe de ces
appareils consiste dans la différence d'action de deux
solénoïdes, dont l'un, à gros fil, est établi sur le courant principal, tandis que l'autre, à fil fin, est placé
en dérivation. Le diagramme de la figure 95 suffira
pour faire comprendre comment fonctionnent les
régulateurs de ce système. S et S' sont les deux solénoïdes en question. Le premier reçoit le courant principal, celui qui va alimenter l'arc des deux charbons
A et B. Le second, dont la résistance est beaucoup
plus considérable, ne reçoit qu'un courant dérivé.

Un cylindre de fer doux CC' s'engage par chacune de ses extrémités dans la partie creuse intérieure des bobines, et porte un levier qui oscille autour du point O selon que l'attraction du solénoïde S est plus forte ou moins forte que celle du solénoïde S'. Ce levier est relié au porte-charbon positif, et conserve une position horizontale ou d'équilibre, pour une résistance convenablement réglée de l'arc voltaïque :

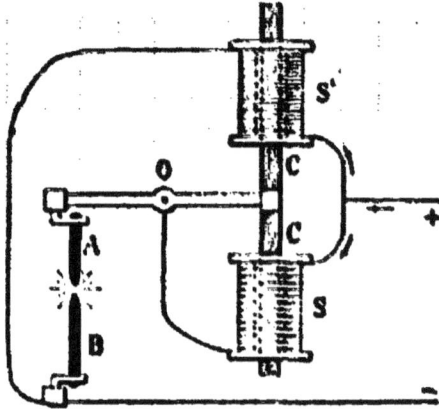

Fig. 95. — Principe des régulateurs polyphotes différentiels.

l'écart des charbons est alors normal. Mais, par leur usure, l'arc grandit, sa résistance augmente; l'action de S sur la pièce de fer doux diminue, tandis que celle de S' augmente, puisque le courant principal a faibli et que l'intensité du courant dérivé s'est accrue en proportion. Le cylindre de fer doux est attiré vers le haut, d'où résulte une oscillation du levier qui abaissera le charbon supérieur. Telle est l'explication théorique du mécanisme des régulateurs différentiels.

Dans la lampe différentielle Siemens, l'action prépondérante de la bobine de dérivation sur le fer doux détermine le déclanchement d'un encliquetage qui retenait le porte-charbon supérieur; ce dernier peut alors descendre par son propre poids, et le rapproche-

Fig. 96. — Lampe différentielle Siemens.

ment des charbons ne se fait ainsi que du côté positif.

Le charbon inférieur ou négatif est fixe. Il en résulte donc un abaissement continu du point lumineux; mais l'inconvénient est faible, parce que le mécanisme est situé au-dessus de l'arc, et que d'ailleurs, le réglage se faisant d'une manière pour ainsi dire continue, le changement de position du foyer est graduel. D'autre part, l'avantage de cette graduation du mouvement des charbons est notable, car il contribue à la fixité de la lumière. Une même machine peut alimenter jusqu'à vingt foyers, dont chacun a une intensité de 25 becs carcel.

Parmi les régulateurs polyphotes différentiels, citons les lampes Brush, Weston, qui sont fondées sur le même principe que la lampe Siemens. Nous avons décrit le régulateur Brush dans le paragraphe précédent, sans insister sur le caractère qui le range parmi les appareils différentiels. La bobine, qui renferme à l'intérieur un noyau magnétique dont le mouvement détermine celui du porte-charbon supérieur, n'est pas simple. Elle est formée par deux hélices indépendantes, enroulées en sens inverse; l'une de ces hélices, à fil gros et court, reçoit le courant principal; l'autre, dont le fil est fin et long, est reliée en dérivation aux deux bornes de l'appareil. Comme le sens des courants qui agissent sur le noyau de fer doux est contraire dans les deux fils, c'est la différence de leurs intensités qui tantôt le soulève et tantôt l'abaisse, déterminant ainsi le réglage de l'écart des charbons et par suite celui de l'arc lui-même.

La lampe Weston a beaucoup d'analogie avec la lampe Brush; elle renferme comme elle un solénoïde à double enroulement de fils.

La lampe Rapieff est le type d'une sorte d'appareils qui se règlent d'eux-mêmes et pour ainsi dire sans mécanisme, l'écart des charbons restant toujours le même, malgré leur usure. Elle se compose de deux paires de charbons *aa'*, *bb'*, disposés comme les branches d'un X, ou mieux comme les branches de deux V opposés par le sommet, avec cette circonstance toutefois que celles du V inférieur sont dans un plan perpendiculaire au plan du V supérieur. A l'aide d'un contrepoids W et d'un système de cordons et de poulies de renvoi, chaque couple de charbons est sollicité, celui d'en haut à descendre et celui d'en bas à monter, à mesure que la combustion de l'arc tend à séparer les baguettes en diminuant leur longueur. De la sorte, le parfait contact électrique qui constitue chacun des pôles de l'arc est maintenu constant, et la position du point lumineux reste parfaitement fixe.

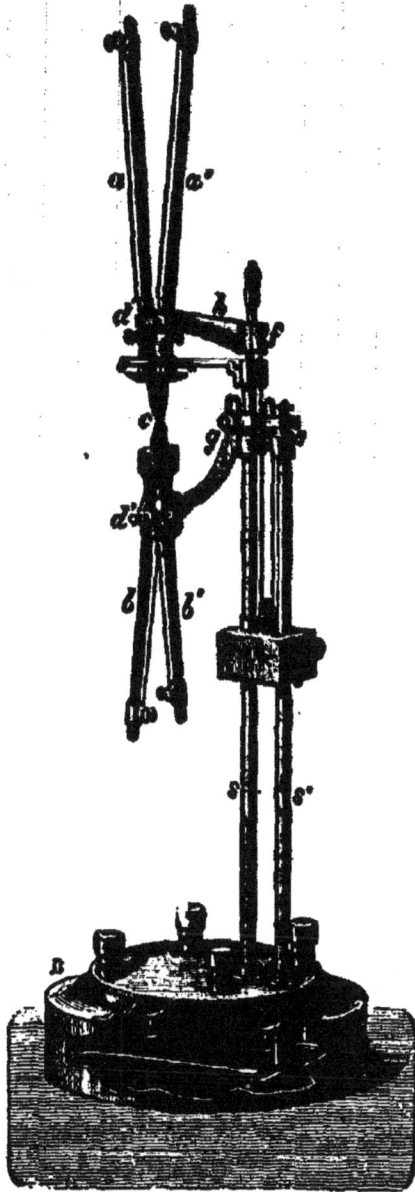

[Fig. 97. — Lampe Rapieff.

Les colonnes qui guident le contrepoids dans sa

course servent aussi de conducteurs au courant. Les charbons des deux pôles étant d'abord au contact, on fait passer le courant qui anime un électro-aimant placé dans le socle, fait mouvoir l'une des deux branches, mobile, de cet électro-aimant, puis, par une tige logée dans l'une des colonnes, produit l'écart des charbons et détermine la formation de l'arc.

La longueur des charbons de la lampe Rapieff est illimitée, car, la portion de cette longueur que traverse le courant restant constante et d'ailleurs étant très faible, la résistance que les charbons introduisent dans le circuit est faible elle-même et ne varie point. Avec des charbons de 50 centimètres de longueur et de 5 ou 6 millimètres de diamètre, la durée de la lumière d'une lampe de ce système va de sept à dix heures.

Son intensité est de 100 à 120 becs carcel. En employant une machine Gramme comme générateur, on peut placer jusqu'à 10 lampes Rapieff dans le même circuit. Les ateliers de composition et les bureaux du journal anglais le *Times* sont éclairés par 24 lampes de ce type. L'extinction de l'une d'elles n'entraîne pas celle des autres lampes du circuit; quand cette extinction se produit, l'électro-aimant du socle, que nous avons vu destiné à amener l'écartement des charbons, réagit sur un commutateur qui complète le circuit, en faisant passer le courant dans une dérivation dont la résistance est égale à celle du circuit de la lampe elle-même.

La lampe Gérard dispose les deux paires de charbons en V en un faisceau situé tout entier au-dessus du point lumineux; les charbons descendent ainsi par leur propre poids sans l'aide des cordons et poulies de la lampe Rapieff. Les deux couples formant les pôles sont séparés avant que le passage du courant produise l'allumage; le rapprochement nécessaire est produit par un électro-aimant à fil très fin, monté en dérivation, et qui devient inactif aussitôt que, l'arc se produisant, le courant passe presque entier dans les charbons.

Citons encore le régulateur Solignac, dont la disposition est à la fois très simple et très originale. Les charbons sont disposés horizontalement sur une même ligne, et, par l'action de deux barillets sur des chaînettes qui s'enroulent autour de deux poulies à leurs

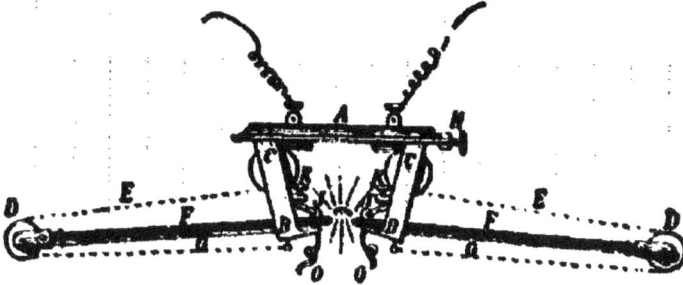

Fig. 98. — Lampe Solignac.

extrémités, tendent sans cesse à se rapprocher à mesure que leurs extrémités s'usent par la combustion. Le courant est transmis par deux galets qui servent de guide aux charbons, et la portion traversée par lui avant de former l'arc reste ainsi limitée à un ou deux centimètres. Les charbons sont munis par-dessous de petites baguettes de verre dont l'extrémité voisine de l'arc vient s'arrêter contre des buttoirs en nickel; de cette façon le rapprochement des pôles est limité. Quand l'arc grandit, la chaleur de la partie incandescente des charbons devient assez grande pour ramollir les extrémités des baguettes qui se recourbent et permettent ainsi aux charbons de se rapprocher de nouveau. D'après l'inventeur, avec une machine génératrice d'un cheval, cette lampe donne une lumière dont l'intensité est mesurée par 100 becs carcel, et avec trois chevaux de force on pourrait alimenter six lampes sur le même circuit.

IV

Bougies électriques.

Une *bougie électrique* se distingue des autres appareils à arc voltaïque par la disposition parallèle des charbons qui ne sont plus placés bout à bout sur une même ligne horizontale ou verticale, ni de façon à former entre eux un angle plus ou moins aigu. Grâce à cet artifice fort simple, l'arc jaillit entre les extrémités des charbons placés côte à côte, et tout mécanisme devient inutile.

C'est un officier russe, M. Jablochkoff, qui a le premier réalisé, en 1876, cette ingénieuse solution, économique et pratique, de l'éclairage à l'électricité.

Les deux charbons sont deux cylindres ou baguettes séparés par une substance isolante à froid et devenant, à la température de l'arc voltaïque, sensiblement conductrice; cette substance, à laquelle on donne le nom de *colombin*, fut d'abord le kaolin, qui donnait beaucoup de régularité à la lumière; on préfère aujourd'hui un mélange à parties égales de plâtre et de baryte (sulfate de chaux et sulfate de baryte), qui ne fond pas comme le kaolin, mais se volatilise dans l'arc et augmente l'intensité de sa lumière. Pour l'allumage, les extrémités libres des charbons sont réunies par une petite couche de charbon *a* maintenue par une bande *ab* de papier d'amiante, ou encore plus simplement imprégnée d'une couche d'un mélange de gomme et de plombagine. Dès que le courant arrive aux charbons, cette couche rougit et sert d'amorce à l'arc voltaïque.

Comme la combustion, lorsque l'arc est alimenté par une machine à courant continu, est beaucoup

plus rapide au pôle positif qu'au pôle négatif, M. Jablochkoff, à l'origine, essaya de remédier à ce défaut
grave qui, en entraînant une différence de niveau
entre les pointes, eût amené une prompte extinction de la bougie; il donna au charbon positif une section double de celle du crayon
négatif. Mais l'expérience a montré qu'alors
ce dernier, à cause de sa plus grande résistance, rougit sur une trop grande longueur.
On a donc préféré l'emploi des générateurs
à courants alternatifs, avec lesquels l'usure
des deux charbons reste constamment égale.
Les machines de *l'Alliance*, de Lontin, de
Gramme, de Siemens, de Wilde ont été ex-
périmentées; mais la machine auto-excita-
trice de Gramme a paru donner les meil-
leurs résultats. Une machine de ce genre à
quatre circuits alimente vingt bougies, cinq
bougies par circuit. Dans les expériences
qui ont été faites à Londres avec les bougies
Jablochkoff pour l'éclairage des quais de la
Tamise, on a pu allumer et entretenir une
bougie à 14 kilomètres de la source électrique. Mais c'est là un résultat exception-
nel; en réalité et dans la pratique courante,
la distance moyenne la plus avantageuse est
de 150 mètres; au delà, il est préférable
d'installer un *nouveau centre moteur*, ou

Fig. 99. —
Bougie Ja-
blochkoff.

d'employer l'électricité à faire mouvoir une
machine formant relais.

La compagnie qui exploite le système d'éclairage
Jablochkoff fabrique trois espèces de bougies. La
première, dont les charbons ont un diamètre de
6 millimètres, donne une lumière de 60 becs carcel
et exige pour une bougie une force de 1 cheval et
demi. La bougie de 4 millimètres de diamètre vaut

45 becs et absorbe 1 cheval. Enfin la petite bougie de
3 millimètres équivalant à 25 ou 30 becs exige 4 à

Fig. 100. — Lampe Jablochkoff.

5 chevaux pour une série de 12 bougies. Avec une
longueur de 22 à 25 centimètres, la durée de la
lumière va de une heure et demie à deux heures.

La figure 100 montre comment on dispose les bougies Jablochkoff à l'intérieur du globe diffusant. On en met quatre dans chaque globe; elles sont maintenues dans des pinces à ressort dont les branches isolées sont en communication avec les fils conducteurs. On fait d'abord passer le courant dans l'une d'elles, puis, quand elle est consumée, à l'aide d'un commutateur à main, le surveillant fait passer le courant dans une seconde, et ainsi de suite. L'éclairage se trouve ainsi assuré pour une durée totale de huit heures.

Se fondant sur ce que l'arc voltaïque n'est autre chose qu'une portion de courant, soumise comme les courants aux lois d'Ampère sur les actions réciproques des éléments parallèles, M. Jamin a imaginé d'entourer les charbons des bougies d'un cadre *directeur* formé de 40 tours de fil de cuivre fin et isolé. Les courants alternatifs destinés à alimenter l'arc de la bougie passent dans les fils du cadre en suivant un chemin parallèle à celui qu'ils ont dans les charbons voisins. Dès lors, si par le contact des deux charbons, en un point quelconque de leur longueur, par un troisième charbon on vient à déterminer l'amorçage, l'arc voltaïque, suivant les lois d'Ampère, subissant l'action concourante des quatre côtés du cadre directeur, se transportera à l'extrémité des charbons, où il restera maintenu. Dès lors, on peut placer la bougie dans une position quelconque, sans que l'arc cesse, sous l'influence dont nous venons de parler, de passer par l'extrémité des charbons. La conséquence de cette disposition est que le point lumineux peut être placé en bas, ce qui évite les ombres; de plus, l'isolant de la bougie Jablochkoff n'est plus nécessaire.

Voici la description que fait M. Jamin de la dernière forme donnée à sa lampe électrique : « Elle repose, dit-il, sur une base d'ardoise (fig. 101) que l'on fixera dans des globes ou lanternes, suivant les besoins de la décoration, et qui soutient vers le bas

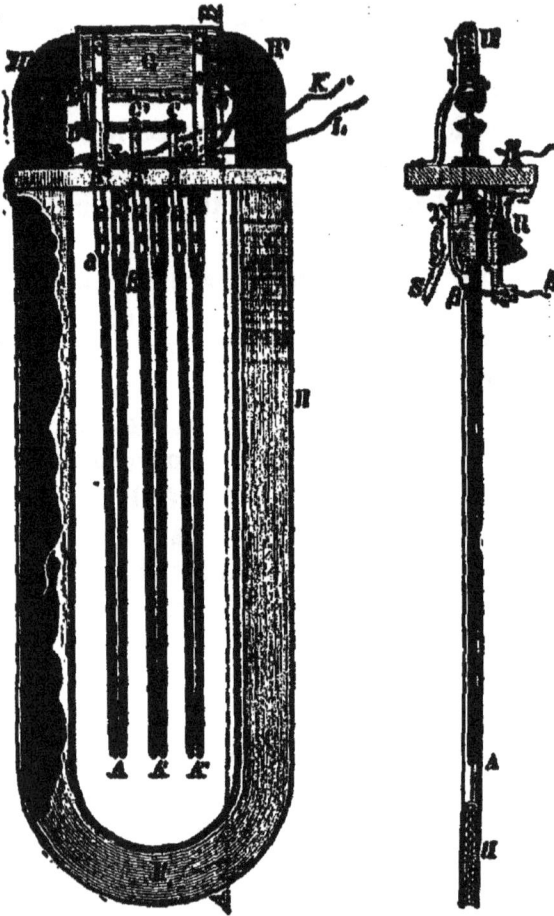

Fig. 101. — Lampe Jamin.

une gouttière de cuivre HHH, large, mais peu épaisse, afin d'éviter les ombres, et vers le haut une gouttière en fer doux G, destinée à s'aimanter et à attirer une palette mobile EF. Le courant alternatif d'une machine Gramme passe d'abord dans un fil de cuivre fin,

replié quinze ou vingt fois dans les deux gouttières
et qui constitue le circuit directeur, C'est au milieu
de ce cadre et dans son plan que se placent les bougies ou couples de charbon entre lesquels va jaillir
l'arc. Il y en a trois, mais on peut en placer un plus
grand nombre, si l'on veut prolonger l'éclairage. On
introduit chacun de ces charbons dans un support
tubulaire de cuivre, où ils se tiennent verticalement,
serrés par un ressort, la pointe en bas. L'opération
n'offre aucune difficulté et n'exige aucune adresse.
Il n'y a point de matière isolante entre les charbons.
Ceux de droite BA... sont fixes et verticaux ; ceux de
gauche a... pendent librement autour des articu-
lations BB'B'' ; les sommets de leurs supports sont
reliés par une barrette CC', qui leur imprime un mouvement commun ; la palette EF est rattachée par un
levier ED à cette barrette qu'elle pousse vers la gauche
par son poids, ce qui rapproche les charbons jusqu'à
ce que l'un d'eux vienne butter contre son compa-
gnon. Il est à remarquer que le contact ne se fera
que pour une seule des bougies, la plus longue, ou
celle dont les pointes sont le plus rapprochées ; c'est
celle qui s'allumera.

« Le courant électrique, après avoir traversé le
circuit directeur, arrive à la fois aux trois charbons
mobiles et peut revenir indifféremment par les trois
charbons fixes ; il passe entre ceux qui se touchent et
les allume. Aussitôt l'aimantation se fait, la palette est
attirée ; les trois couples de charbons s'écartent à la
fois, deux restant froids et l'arc s'étalant dans le troisième. Il persiste tant qu'il y a de la matière à brûler,
maintenu aux pointes par l'action du courant directeur et y revenant nécessairement si une cause étrangère l'en écartait. Quand le courant s'arrête, la palette
retombe et le contact se rétablit ; s'il passe de nouveau, les charbons se rallument et s'écartent comme

la première fois. Ainsi l'allumage est automatique, instantané et renouvelable à volonté [1]. »

M. Jamin montre alors comment, quand une première bougie est consumée, une seconde lui succède, et par quel artifice il obvie à l'extinction possible et subite d'une des lampes dans le circuit, et il énumère en ces termes les avantages de sa bougie électrique : « En résumé, notre lampe réunit plusieurs qualités essentielles : elle s'allume et se rallume autant de fois qu'on le veut; elle n'exige qu'un circuit pour toutes les bougies voisines; elle remplace automatiquement celles qui ont brûlé en totalité par des charbons neufs; elle n'emploie aucune matière isolante de nature à altérer la couleur des flammes, ni aucune préparation préliminaire de charbons, ce qui diminue notablement la dépense ».

Avec un moteur de 8 chevaux et la machine Gramme dite à 4 lumières, M. Jamin est parvenu à alimenter jusqu'à 24 foyers. « Quant à la lumière de chaque lampe, dit-il, elle diminue avec leur nombre; une seule avec la vitesse de 1 500 tours vaut 134 carcels, 2 se réduisent chacune à 113, et quand on en a 14, elles ne valent plus que 50. » La distance à laquelle on peut conduire la lumière va en croissant avec la vitesse de rotation de la machine; à 1 500 tours, on peut introduire 1 kilomètre de fil de cuivre de 1 millimètre dans le circuit; à 2 000 tours, jusqu'à 4 kilomètres du même fil ou à 16 kilomètres de fil à 2 millimètres. D'où M. Jamin conclut la possibilité d'éclairer toute une grande ville par une usine unique rayonnant dans tous les sens.

On reproche à la bougie Jamin les défauts suivants : variations dans l'intensité lumineuse, provenant des allongements et raccourcissements de l'arc,

---

1. *Comptes rendus de l'Académie des sciences*, mai 1880.

qui manque de fixité; absorption de force par le cadre directeur, et enfin ombre projetée par ce dernier. Les bougies Wilde et Jablochkoff ont aussi le défaut d'être variables d'intensité ou de coloration, mais elles sont plus simples que celle de Jamin et plus économiques.

Bien que les crayons de charbon de la *lampe-soleil* ne soient pas disposés parallèlement comme ceux de la bougie Jablochkoff, sa lumière est, comme cette dernière, due à l'arc voltaïque augmenté de l'incandescence d'un conducteur continu imparfait, et elle exige, comme les bougies, un générateur à courants alternatifs.

Les inventeurs MM. Clerc et Bureau donnent à leur lampe la forme que représente la figure 102. Les deux charbons, de forme hémicylindrique, font entre eux un angle d'environ 40°; ils glissent, sous leur propre poids, à travers des ouvertures ménagées dans un bloc rectangulaire constitué par un assemblage de matières réfractaires (granit, pierre blanche et marbre). Leurs extrémités aboutissent à l'intérieur d'une cavité creusée sous le bloc en forme de toit; l'arête de ce dièdre en marbre ou en magnésie agglomérée se trouve précisément léchée par l'arc voltaïque que produit le passage du courant (pour l'amorçage, on relie les deux pointes des charbons par une baguette fine de charbon qui s'échauffe et se consume presque aussitôt). L'arc produit se maintient à la distance fixe des pointes de charbon, grâce à la substance réfractaire que la haute température rend conductrice et incandescente.

Avec la disposition que nous venons d'indiquer, la lumière de la lampe est projetée en un faisceau conique très ouvert de haut en bas. Mais on peut pratiquer la cavité sur l'un des côtés du bloc, si l'on veut un éclairage latéral, ou renverser la lampe, s'il s'agit

de projeter la lumière vers le haut, d'éclairer un pla-
fond, par exemple. Dans ce dernier cas, des ressorts

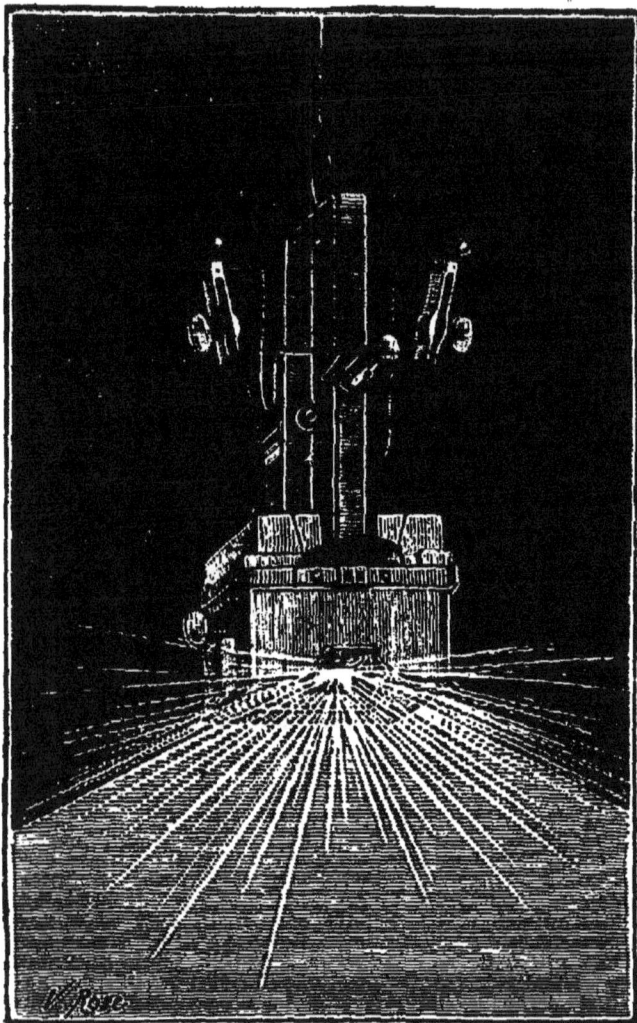

Fig. 102. — Lampe-soleil de MM. Clerc et Bureau.

sont nécessaires pour pousser les charbons. Dans les
essais d'éclairage du foyer de l'Opéra par la lampe-
soleil, les charbons mobiles avaient été remplacés

par deux blocs de charbon un peu volumineux; à mesure que la combustion rongeait les blocs, l'arc s'agrandissait; mais il ne s'éteignait qu'après une durée de plusieurs heures.

La fixité du point lumineux, celle de la lumière même, dont la teinte légèrement jaunâtre est agréable à l'œil et point fatigante, la simplicité provenant de l'absence de tout mécanisme, sont les qualités principales qui distinguent la lampe-soleil. Comme tous les appareils fonctionnant au moyen des courants alternatifs, elle laisse entendre un ronflement désagréable; mais ce bruit disparaît dans les appareils où la lampe est renfermée dans des lanternes parfaitement closes. L'usure des charbons est très lente; elle varie de 8 à 15 millimètres par heure, et comme leur longueur peut atteindre 25 centimètres, la durée de l'éclairage va jusqu'à seize heures. D'après des expériences faites à Bruxelles en 1881, l'intensité lumineuse en carcels de 2 lampes alimentées par une machine Gramme (à 2 000 tours) était 580; avec 12 lampes dans le circuit, l'intensité maximum atteignait 140 carcels.

M. E. Reynier a imaginé en 1878 une lampe dont le principe est décrit en ces termes par l'inventeur : « Une baguette de charbon cylindrique ou prismatique C est traversée en i et j (fig. 103) par un courant continu ou alternatif, assez intense pour la rendre incandescente dans cette portion. Le courant entre ou sort par le contact l, et il sort ou entre par le contact B. Le contact l, qui est élastique, presse la baguette latéralement; le contact B la touche *en bout*. Dans ces conditions, le charbon s'use à son extrémité j plus vite qu'en toute autre place, et tend à se raccourcir. Par conséquent, si le charbon C est poussé continuellement dans le sens de la flèche de manière à butter sans cesse sur le contact en bout B, il avancera graduellement à mesure qu'il s'usera, en glissant dans le contact latéral *l*. La chaleur développée par le passage du courant dans la baguette est grandement accrue par la combustion du carbone.

« Dans la pratique, je remplace le contact fixe par un contact tournant B qui entraîne les cendres

Fig. 103. — Principe de construction de la lampe Reynier.

du charbon. La rotation du contact en bout est rendue solidaire du mouvement de progression de la baguette du charbon, de sorte que la position de celle-ci sur le contact en bout fait frein sur le mécanisme moteur. »

Voici maintenant quelle disposition M. E. Reynier a adoptée pour la construction d'une lampe fonctionnant d'après le principe exposé.

CC (fig. 104) est une baguette de charbon de 2 millimètres de diamètre, soutenue par une tige A qui s'engage dans une colonne creuse D où elle peut glisser entre des galets qui la guident. Son extrémité vient s'appuyer sur un cylindre R en charbon, mobile autour d'un axe horizontal porté par la colonne. A une distance de 5 ou 6 millimètres de la pointe, la baguette est enserrée par un contact muni d'un frein, et c'est par ce contact qu'arrive le courant positif; par le cylindre de charbon et un conducteur qui longe la colonne, le courant retourne à la machine. A mesure que, par l'incandescence de l'extrémité de la baguette, celle-ci s'use et descend, son mouvement de descente fait accomplir au cylindre un mouvement continu de rotation; dans ce but, la direction de la baguette ne passe point par l'axe du cylindre, mais un peu excentriquement, comme on peut le voir par la figure 103. De cette façon, les cendres accumulées au point de contact par la combustion de l'arc tombent incessamment.

C'est par la description des lampes à incandescence que nous allons terminer cette énumération, déjà longue et cependant bien incomplète, des appareils inventés pour appliquer la lumière électrique à l'éclairage.

Fig. 104. — Lampe Reynier.

V

Lampes électriques à incandescence.

On fait remonter la date des premiers essais d'éclairage électrique par l'incandescence à l'année 1841 ; à

Fig. 105. — Lampe Edison à incandescence.

cette époque, un Anglais. F. de Moylens, construisit en effet une lampe dont la lumière était due à l'incandescence d'un fil de platine. Cette tentative fut renouvelée en 1844 par Starr et King, en 1849 par Pétrie, qui employa le platine iridié, puis en 1857 par M. de Changy, qui essaya aussi de minces baguettes de charbon de cornue enfermées dans des ampoules en

verre où le vide était fait. La propriété que possède
le charbon d'acquérir un grand pouvoir rayonnant,
sa résistance beaucoup plus considérable que celle du
platine, et surtout son infusibilité, le firent substituer
au platine dans les recherches des savants et des

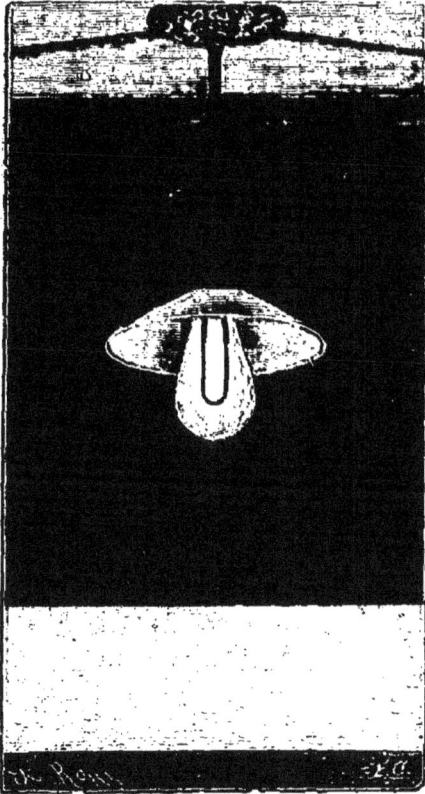

Fig. 105 *bis*. — Lampe Edison à incandescence.

nventeurs. Citons les noms de MM. Lodyguine,
Konn, Bouliguine et Sawyer, qui, de 1873 à 1879,
construisirent des lampes fondées sur l'incandescence du charbon dans l'air, dans le vide. ou dans un
milieu impropre à la combustion, comme l'azote.

Enfin, après différents essais, nouveaux mais infruc-
tueux, du platine, l'emploi du charbon fut repris, et

divers systèmes de lampes à incandescence réussirent à surmonter les difficultés pratiques qui avaient arrêté les premiers inventeurs. Nous allons successivement décrire les quatre lampes qui ont les premières fonctionné avec succès. Elles ont d'ailleurs entre elles une grande analogie.

Dans les lampes Edison (fig. 105), le charbon contourné en U est un filament constitué par des fibres de bambou carbonisé par un procédé spécial. Malgré son extrême finesse, ce filament a acquis une grande rigidité; ses extrémités, qui offrent un renflement, sont pressées par des sortes de pinces en platine, d'où partent des fils conducteurs également en platine. Le tout est scellé dans le verre d'un récipient de forme oblongue, à l'intérieur duquel on fait le vide au moyen d'une pompe à mercure. Au moment où l'on fait le vide, on porte le charbon à l'incandescence, de sorte qu'en expulsant par cette opération les dernières bulles gazeuses logées dans les pores du filament, on donne à celui-ci une dureté et une densité extraordinaires. Dans ces conditions, l'incandescence a lieu sans qu'il y ait combustion, et la désagrégation des particules carbonées qui se produisait dans les premiers essais et avait fait échouer les inventeurs, n'est plus à craindre. M. Edison construit deux types de ces lampes, dont il évalue l'intensité à 1,6 bec carcel pour le premier type, à 0,8 pour le second. Le charbon finit nécessairement par s'user, mais la durée de la lumière atteint, dit-on, 1 200 heures. Nous verrons plus loin la grande machine à lumière due au même savant, et qui est capable d'alimenter 2 400 lampes du second type sur le même circuit.

Le filament de charbon de la lampe à incandescence imaginée par M. Lane-Fox est formé de brins de chiendent carbonisés. Ses extrémités sont introduites dans deux petits cylindres de plombagine, qui reçoivent eux-mêmes les fils de platine conducteurs du circuit. Comme dans le système Edison, on porte le charbon à l'incandescence en même temps qu'on fait le vide dans la cloche en verre à l'aide de la pompe à mercure. On assure qu'une force de 2 chevaux-vapeur suffit à l'alimentation de 15 lampes Lane-Fox, dont chacune aurait une intensité de 1,2 carcel.

Dans les lampes Maxim (fig. 107), le charbon est contourné en forme d'un M, découpé dans du carton bristol préalablement carbonisé entre deux plaques de fonte chauffées à un degré convenable. Après avoir fait le vide dans le récipient en verre, on y introduit la vapeur d'un hydrocarbure (gazoline); on renouvelle le vide en faisant passer le courant. Il se forme alors, à la surface du filament du charbon, un dépôt des particules carbonées de la gazoline, qui le rendent plus tenace et plus résistant. La forme du charbon, ses dimensions plus fortes que dans les autres lampes à incandescence, contribuent à donner à la lumière des lampes Maxim une grande intensité. Par cheval de force, l'inventeur assure qu'il peut alimenter 6 lampes de 2,6 carcels d'intensité chacune.

Le dernier système d'éclairage électrique par incandescence que nous ayons à décrire est celui dont

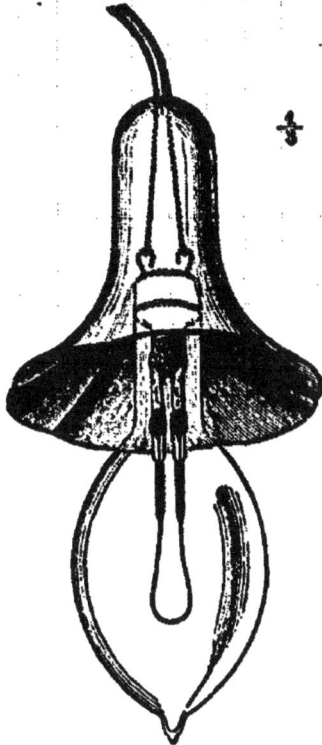

Fig. 106. — Lampe Lane-Fox.

M. Swan est l'inventeur. La disposition de ses lampes est à peu près celle des précédentes, comme le montre

Fig. 107. — Lampe Maxim.

la figure 108. Le charbon est constitué par des fils ou des tresses de coton d'un décimètre de longueur, qui ont été parcheminés par un trempage dans l'acide sulfurique étendu. Sa forme est celle d'un U avec boucle à l'extrémité (dans le but de concentrer plus de lumière en ce point). Les extrémités du charbon présentent un renflement et sont fixées dans des porte-charbons en platine soudés dans le fond du

récipient et reliés aux conducteurs. On fait le vide
et l'on fait passer le courant comme nous l'avons vu
faire dans les précédents systèmes et pour les mêmes

Fig. 108. — Lampe Swan.

motifs. La lumière des lampes Swan est très blanche ;
on peut, dit-on, en alimenter 15 avec une force d'un
cheval-vapeur.

Maintenant que *nous avons passé en revue les plus*
importants des systèmes d'éclairage par l'électricité,
il nous reste à compléter ce que nous savons des
générateurs qui les alimentent, et à décrire quelques
machines qui ont été spécialement combinées pour
la production et la division de la lumière.

VI

Les machines à lumière.

Les générateurs d'électricité que nous avons décrits dans le chapitre IV de la première partie de ce volume, sont susceptibles de bien des applications diverses; mais les progrès considérables réalisés dans ces dernières années dans les appareils d'éclairage ont conduit les constructeurs de machines magnéto ou dynamo-électriques à des recherches qui ont eu pour objet leur application spéciale à la production de la lumière. Ils se sont ingéniés à améliorer leur rendement, puis à résoudre deux questions particulières, essentiellement liées à la solution pratique de l'éclairage public ou privé par l'électricité. L'une de ces questions est celle de la *division de la lumière*, c'est-à-dire d'une combinaison qui permît d'alimenter avec la même machine, sur un même circuit ou sur plusieurs circuits dérivés, le plus grand nombre possible de foyers lumineux. Dans certains cas, sans doute, il ne s'agit que de produire le foyer le plus intense possible et, à l'aide de projecteurs, de concentrer la lumière sur un espace restreint. Mais ce qui est un avantage dans les cas auxquels nous faisons allusion, est au contraire un obstacle s'il s'agit de l'éclairage public, soit extérieur, soit intérieur : alors la division, la répartition de la lumière de l'arc en un grand nombre de lampes qui la diffusent, est une condition essentielle de la réussite de l'application.

D'autre part, l'invention des bougies électriques et d'autres appareils analogues, en nécessitant l'emploi de courants alternatifs, a entraîné la modification des machines existantes, précisément disposées pour la production des courants continus.

La solution de cette seconde question était des plus
simples en ce qui concerne les machines magnéto-
électriques. Nous avons vu en effet que ces machines
donnent naturellement, à chaque tour, deux courants
de sens contraires et que, pour les redresser et obtenir des courants continus, on les munit d'un commutateur. Il suffit donc de remplacer cet appareil par
un simple collecteur de courants pour obtenir la transformation voulue. Du reste, les grandes machines de
Nollet et Malderen, ou de *l'Alliance*, et celle de M. de
Méritens, qu'on emploie dans l'éclairage des phares,
sont des machines à courants alternatifs. La solution
n'est plus aussi aisée s'il s'agit des machines dynamo-
électriques, où le courant continu de la machine sert
à l'aimantation des inducteurs. On a dû alors employer deux machines : l'une a reçu le nom d'*excitatrice*, parce qu'elle sert à animer ou à exciter les
électro-aimants de la seconde; celle-ci prend le nom
de *machine à lumière* ou *à division de lumière*, parce
que sa fonction est de fournir les courants alternatifs
nécessaires à l'alimentation des foyers lumineux.

C'est à M. Lontin que revient l'honneur d'avoir
donné le premier la solution de ce double problème.
Nous avons déjà décrit la machine que ce savant emploie comme excitatrice de sa machine à division. Il
nous reste à parler de cette dernière.

Les deux systèmes, inducteur et induit, qui la composent, sont formés par deux cylindres concentriques;
l'un, extérieur, est fixe, l'autre, intérieur, qui constitue l'inducteur, est mobile. Ce dernier est semblable
au pignon magnétique de la machine excitatrice (voir
la page 81 et la figure 59), c'est-à-dire est formé
d'une série d'hélices A (fig. 109) dont les noyaux sont
rivés suivant les rayons du cylindre. Les spires de
ces hélices, au nombre de 24, sont enroulées de l'une
à l'autre en sens contraires, de sorte que, sous l'in-

fluence du courant de l'excitatrice qui arrive dans le pignon par les deux bornes FF, les polarités de deux hélices consécutives sont alternées. Le cylindre ou la couronne formant l'induit comprend également 24 bobines magnétisantes, B, réunies deux à deux de manière à former douze systèmes électro magnétiques complets. Quand le mouvement de rotation du système inducteur a lieu, les pôles magnétiques des bobines inductrices passent successivement, sans les toucher, devant les pôles des bobines de l'induit. Il en résulte dans celles-ci des courants d'induction alternatifs, dont le sens, à chaque tour, change 24 fois. Ces courants sont recueillis par des fils qui aboutissent à des bornes fixées sur les côtés de la machine en MN, et, de là, sont envoyés dans les lampes établies sur le circuit. Avec cette disposition, la machine Lontin peut donc alimenter 12 foyers lumineux. Mais, à l'aide d'un commutateur à manettes placé en M, et de plaques de contact, on peut grouper comme on veut les courants des bobines induites, établir au besoin 24 circuits, diviser en un mot la lumière en foyers d'intensités égales ou inégales, selon les besoins de l'éclairage.

« Cette machine, dit M. Du Moncel, a été appliquée à l'éclairage de la gare du chemin de fer de Lyon, où elle fournissait 31 foyers lumineux. Ces foyers résultaient d'un seul générateur électrique et de deux systèmes induits de 24 bobines chacun. En accouplant ensemble ces bobines et interposant sur chacun de leurs circuits plusieurs régulateurs électriques du système Lontin, on a pu, par une combinaison convenable de ces bobines, eu égard à la longueur du circuit extérieur, porter à 31 le nombre des foyers, dont chacun était à peu près équivalent à 40 becs carcel. » Ces machines sont pareillement installées à la gare Saint-Lazare à Paris. Elles y alimentent

Fig. 109. — Machine à division de lumière de Lontin.

12 foyers lumineux, dont 2 sont situés à 700 mètres du générateur.

La figure 110 représente le type des machines

Fig. 110. — Machine Gramme à division de lumière[1].

Gramme à division de lumière, dont l'induit est fixe et dont le système inducteur est excité par un géné-

---

1. Comparant la machine Gramme à division de lumière avec les autres machines semblables à courants alternatifs, M. H. Fontaine fait remarquer que leur différence fondamentale réside dans la position réciproque des bobines et des électro-aimants. « M. Gramme, en effet, dit-il, fait agir ses armatures magnétisées directement sur les spires de cuivre, tandis qu'avant son invention on faisait agir les électro-aimants et les bobines

rateur Gramme semblable à celui que nous avons décrit page 79 et représenté sous la dénomination de *type d'atelier* dans la figure 57.

Le système inducteur mobile est constitué par un axe en acier portant huit noyaux d'électro-aimants B rangés autour du moyeu octogonal de l'arbre. Les bobines de ces électro-aimants reçoivent, par l'intermédiaire de deux balais en fil de cuivre argenté, le courant de la machine excitatrice. Les huit pôles du système inducteur sont alternés de manière qu'un pôle boréal succède à un pôle austral, et ils portent des armatures épanouies laissant entre elles un faible intervalle. L'induit se compose de 32 bobines extérieures enroulées autour d'un fer doux annulaire ou sur une série de segments circulaires en fer doux ajustés bout à bout. Les bobines en cuivre peuvent être à volonté accouplées par 2, 4 ou 8, de manière à obtenir 16, 8 ou 4 courants distincts, ou rester indépendantes, ce qui porte le nombre des courants à 32. Par son mouvement de rotation, le système inducteur développe dans les bobines de l'induit des courants alternativement de sens contraires.

C'est cette machine qui fonctionne depuis janvier 1878 pour alimenter les foyers électriques de la place de l'Opéra.

M. Hefner Alteneck a fait construire, par la maison Siemens, une machine à courants alternatifs et à division de lumière qui diffère des machines Lontin et

fer contre fer. Dans les anciennes machines, le fer polarisé par les électros réagissait sur les spires qui l'enveloppaient; il était donc un intermédiaire qui naturellement ne rend pas 100 pour 100 de l'effet utile. Dans la nouvelle machine, le fer ne sert qu'à exciter les rayons magnétiques pour leur faire traverser les spires de cuivre superposées, et qu'à détruire presque complètement les réactions directes qu'exerceraient, sans lui, les pôles de l'électro-aimant les uns contre les autres. » (H. Fontaine, *l'Éclairage à l'électricité.*)

Gramme en ce que les électro-aimants inducteurs sont fixes et les bobines induites mobiles. Le système inducteur est double, et c'est dans l'espace annulaire qui sépare les deux parties que tourne l'induit. Enfin les bobines plates dont ce dernier se compose ne renferment pas de noyau de fer, de sorte que le courant ne s'y développe que par le mouvement de leurs spires traversant les noyaux magnétiques des inducteurs. Une machine de ce genre comprenant 16 bobines peut alimenter, en deux circuits, 20 lampes différentielles de Siemens.

Il y avait à l'Exposition d'Électricité un grand nombre de machines ayant pour objet principal la production de la lumière, presque autant que de systèmes de lampes électriques. Mais, parmi cette cinquantaine de générateurs, bien peu se distinguaient par une véritable originalité. Comme nous avons décrit les principaux, nous nous bornerons à citer les machines Weston, Burgin, Hiram-Maxim, et à donner quelques détails sur celle du grand inventeur américain, Thomas Edison.

Avant d'imaginer lui-même et de construire une machine spéciale pour l'alimentation de ses lampes à incandescence, Edison avait songé à employer un générateur inventé en 1875 par M. Farmer, de Boston, et perfectionné par un autre constructeur américain, M. Wallace. On voit, par l'examen de la figure 111 qui représente la machine Wallace-Farmer, qu'elle est formée de deux parties semblables qui peuvent fonctionner séparément. L'induit est un disque de fer portant sur ses deux faces deux couronnes d'électro-aimants droits, ayant la forme de deux bobines méplates reliées en tension et dont les fils vont se réunir sur l'axe de rotation à un collecteur Gramme. Ce système tourne, de chaque côté, entre deux gros électro-aimants à branches aplaties, opposés par leurs pôles contraires, qui forment l'inducteur de la machine.

Arrivons à la grande machine d'Edison dont le moteur à vapeur, de la force de 125 chevaux, agit

Fig. 111. — Machine à lumière Wallace-Farmer.

directement sur l'axe de rotation de la machine génératrice, et repose sur le même bâti que cette dernière.

L'inducteur est formé de 8 gros électro-aimants, disposés horizontalement, 3 au-dessous de l'induit et 5 au-dessus. Deux énormes masses de fer constituent les pôles des électro-aimants, entre lesquels tourne la bobine induite. Quant aux fils dont sont enroulés les noyaux des inducteurs, ils sont relativement fins et montés en dérivation. La partie originale de la machine est la façon dont est disposée la bobine induite. Au lieu de fils enroulés comme dans la bobine Siemens parallèlement aux génératrices du cylindre, ce sont des barres de cuivre qui communiquent entre elles deux à deux par un nombre égal de minces disques annulaires de cuivre, placés aux deux bouts du cylindre et isolés par des lames de mica. Chaque disque, en vue de cette liaison, porte deux oreilles saillantes à peu près diamétralement opposées, dont chacune reçoit l'une des barres de cuivre que l'on veut relier ensemble. Le noyau de la bobine qui porte à son centre l'axe de rotation, comporte, autour de cet axe, un noyau en bois portant des disques de fer séparés par des rondelles en papier; de la sorte, la masse magnétique subit plus facilement les aimantations et les désaimantations successives. L'induit porte 138 barres de cuivre, dont on voit les extrémités former autour du tambour une courbe en spirales, provenant du mode de liaison que nous venons de décrire.

Cette machine gigantesque a été construite en vue d'alimenter 2 400 lampes du second type Edison ou de 0,8 bec carcel, ou 1 200 lampes du premier type. Ce n'est du reste que l'un des douze générateurs qui ont dû servir à l'éclairage électrique de tout un quartier de New York, d'après un système de canalisation et de distribution combiné par l'inventeur.

Avant d'aborder la question des applications de la lumière électrique à l'éclairage, que le défaut d'espace nous obligera à renvoyer à un autre volume de notre Encyclopédie, disons un mot des avantages ou des inconvénients qu'on lui attribue.

La lumière électrique possède sur les autres sources artificielles de lumière et sur le gaz, longtemps considéré comme le mode d'éclairage par excellence, de tels avantages, que la rapidité avec laquelle se sont propagés en se développant les divers systèmes d'éclairage par l'électricité s'explique tout naturellement. Seulement il y a une ombre au tableau : c'est la question d'économie, de prix de revient.

Voyons d'abord ce qui concerne les avantages. Un savant ingénieur électricien, William Siemens, les énumérait, en ces termes, dans le discours qu'il prononça en 1882 comme président de l'*Association britannique pour l'avancement des sciences* :

« Le principal argument en faveur de la lumière électrique, c'est qu'elle ne donne pas naissance à des produits de combustion, qui non seulement échauffent à l'excès les appartements éclairés, mais substituent l'acide carbonique et les gaz délétères à l'oxygène nécessaire à la respiration.

« La lumière électrique est blanche au lieu d'être jaune. Elle nous permet de voir les peintures, l'ameublement et les fleurs avec la lumière du jour ; elle favorise le développement des plantes au lieu de les tuer. Grâce à elle, la photographie et beaucoup d'autres industries peuvent être entreprises la nuit aussi bien que le jour. L'objection souvent faite à la lumière électrique, qu'elle dépend de la mise en mouvement d'une machine à vapeur ou à gaz, exposée à des arrêts accidentels, n'a plus de valeur depuis l'emploi des batteries secondaires. Planté, Faure, Wolkmar, Lellon, ont fait faire de grands progrès dans cette voie à l'électricité. On peut espérer qu'on aura quelque chose d'analogue au gazomètre pour le gaz et aux accumulateurs pour la transmission des forces hydrauliques.

« La lumière électrique prendra incontestablement sa place dans l'éclairage public, malgré son prix de revient supérieur à celui du gaz ; on la choisira de préférence pour l'éclairage des salons, salles à manger, théâtres, salles de concert, musées, églises, boutiques, imprimeries, ateliers et aussi pour les cabinets et les chambres de machines des steamers. Sous la forme plus économique et plus puissante de la lumière à arc, elle a prouvé qu'elle était supérieure à tout

autre éclairage pour répandre un jour artificiel sur
de grands espaces, comme les ports, les stations de
chemin de fer et les chantiers de construction. Enfin,
lorsque la lampe électrique est placée dans un holo-
phote, elle devient un puissant auxiliaire pour les
opérations militaires sur terre et sur mer. »

Toutes ces prédictions de l'illustre électricien
anglais, qui datent de sept années, se sont réalisées
ou sont en pleine voie de réalisation. L'éclairage électrique s'est à peu près répandu partout, mais c'est
surtout dans les grandes cités des deux mondes qu'il
brille de tout son éclat. En Amérique, notamment
aux États-Unis, la substitution de la lumière électrique
à celle du gaz s'est faite rapidement en un grand
nombre de points : dès mai 1880, la petite ville
d'Agron (dans l'Ohio) était entièrement éclairée par
les lampes Bruhs. En février 1888 on ne comptait
pas moins, dans toutes les villes des États-Unis, de
300 000 lampes à arc alimentées par des stations cen-
trales et de 2 250 000 lampes à incandescence. Depuis
cette époque, le nombre des unes et des autres s'est
considérablement accru; plusieurs fabriques produisent chacune 10 000 lampes par jour et la consommation annuelle se compte par millions.

Un des obstacles les plus sérieux à l'adoption de
l'éclairage électrique a été la question d'économie ou
de prix de revient. En général, on considère l'usage
de la lumière électrique comme plus coûteux que
celui du gaz. Mais c'est une question très complexe,
qui a été l'objet d'expériences contradictoires. Par
exemple, tandis qu'en 1880 des expériences comparatives faites dans une cour du South Kensington
Museum à Londres, puis dans une raffinerie à Silver-
town, donnaient une grande supériorité économique
à l'électricité (du simple au double et même au qua-
druple), des essais faits à Paris en 1888 ont donné, à

égalité d'intensité lumineuse, pour des foyers de 10 et 16 bougies éclairant pendant 1 000 heures, un prix de revient un peu plus fort pour l'éclairage électrique que pour le gaz (44 fr. 60 et 78 fr. 80 au lieu de 36 et de 60). Il est vrai qu'il s'agissait de lampes à incandescence, toujours plus coûteuses que les lampes à arc. Ces prix diminuent pour des installations plus en grand, et alors il y a peu de différence entre les deux modes d'éclairage, au point de vue économique. La même année, des expériences comparatives faites à Cincinnati ont établi le prix de l'éclairage électrique pour 1 000 bougies à 3 fr. 15, tandis que l'éclairage au gaz d'intensité égale ne coûtait que 1 fr. 70; mais, comme nous le disons plus haut, rien n'est plus complexe que la question en litige, les prix variant avec les lieux, l'époque, les systèmes employés et bien d'autres éléments de comparaison.

CHAPITRE V

LA GALVANOPLASTIE

I

Invention de la galvanoplastie; résumé historique.

Nous avons vu l'électricité transmettre à distance, avec une rapidité prodigieuse et sous les formes les plus variées, les signaux confiés aux appareils de télégraphie, tantôt se bornant à de simples mouvements oscillatoires des aiguilles du galvanomètre, tantôt écrivant, imprimant même en caractères connus les lettres d'une dépêche, tantôt enfin reproduisant avec une fidélité incroyable le fac-similé de l'écriture ou du dessin constituant le message expédié. La télégraphie est donc une application mécanique de l'électricité ou mieux de l'électro-magnétisme, puisque le principe est l'action réciproque des courants voltaïques et des aimants. C'est encore en utilisant les répulsions et les attractions électromagnétiques qu'on a inventé l'horlogerie électrique, les chronographes, les enregistreurs automatiques des phénomènes physiques, les moteurs électriques, et une foule d'appareils aujourd'hui employés dans les industries et les arts les plus divers.

L'électricité ne produit pas seulement du mouvement, elle échauffe les corps, et cela d'une façon si énergique, qu'elle fond et volatilise les métaux et les substances les plus réfractaires; qu'elle enflamme à distance les fusées des mines, les torpilles protectrices des côtes et des ports. La lumière éblouissante qui se dégage entre les deux cônes de charbon rivalise d'intensité avec les rayons solaires. Grâce à un mécanisme dont le mouvement est réglé par les variations d'intensité du courant et par la combustion même, la lumière de l'arc voltaïque a pu être ainsi utilisée dans maintes applications : dès maintenant elle perce les brumes pendant les nuits les plus obscures, et les phares, dont l'invention de Fresnel avait fait de si puissants auxiliaires de la navigation, ont vu accroître encore leur éclat et leur portée.

Il nous reste, pour compléter ce tableau des applications de l'électricité, à rendre compte de celles qui sont basées sur les effets chimiques des courants, c'est-à-dire sur les phénomènes encore mystérieux qu'on s'accorde à regarder dans la science comme les générateurs mêmes de l'électricité dynamique.

La *galvanoplastie*, l'*électrochimie*, sont les noms sous lesquels on range habituellement ces applications, dont la science, l'industrie et l'art ont également su faire leur profit. Un mot sur leur principe commun suffira pour justifier la distinction que nous venons de faire.

Rappelons d'abord les phénomènes qui se produisent quand on fait passer un courant voltaïque au travers d'une dissolution saline. Prenons pour exemple une dissolution de sulfate de cuivre. Sitôt que le circuit est fermé et que le courant se produit, la décomposition du sel a lieu : des bulles d'oxygène se dégagent autour de l'électrode positive; du cuivre se dépose à l'état métallique autour de la lame qui forme l'électrode négative. Ce phénomène de décomposition était déjà connu des physiciens qui n'avaient à leur disposition que les premières piles de Volta; seulement, à cause de l'irrégularité du courant, de son affaiblissement rapide, le dépôt métallique n'était le plus souvent qu'un dépôt pulvérulent, impropre aux applications industrielles. La science en fit toutefois son profit, et les chimistes parvinrent ainsi à isoler, à découvrir des métaux jusqu'alors inconnus. L'invention des piles à courant constant, de la pile de Daniell par exemple, modifia d'une façon heureuse le phénomène. Nous avons eu plus haut l'occasion de citer la découverte du premier moteur électrique, celui qu'imagina Jacobi pour faire mouvoir une barque sur la Néva. Si cette invention n'eut pas le succès qu'en espérait son auteur, elle fut l'occasion d'une découverte plus heureuse, d'où est née en définitive la galvanoplastie.

Jacobi, qui avait employé pour son expérience une pile de Daniell dont le pôle positif était formé de lames de cuivre très pur, très malléable, fut étonné de voir que les lames de platine de l'électrode négative s'étaient recouvertes d'un dépôt rugueux, formé de petites lamelles de cuivre cassantes, et dont la surface interne reproduisait fidèlement toutes les inégalités du métal sur lequel elles s'étaient formées : les éraillures, les coups de marteau, les traits de lime. L'illustre physicien recommença, en la variant, la même expérience; il obtint des dépôts métalliques homogènes et qui, au lieu d'être pulvérulents, avaient toute la consistance, la compacité, la ductilité des métaux les plus purs, tels que les fournissent les opérations métallurgiques. De plus, en remplaçant la lame de cuivre de la pile par des moules de médailles, de planches gravées en relief ou en creux, il obtint des reproductions fidèles en creux ou en relief des types originaux [1]. Telle est l'origine de la galvanoplastie, qu'un savant anglais, M. Spencer, découvrait d'ailleurs de son côté. Avant la fin de l'année 1838, où Jacobi faisait sa découverte, Spencer obtenait à Liverpool des planches gravées par la pile et des médailles si fidèlement reproduites qu'on les aurait crues frappées au balancier. Bientôt cette invention prit un grand développement; elle fut le point de départ de nombreuses applications artistiques et industrielles qui reçurent elles-mêmes des perfectionnements importants.

Les procédés qui constituent la galvanoplastie proprement dite donnent des dépôts qui se moulent exactement sur les objets à reproduire, mais sans y adhérer. Mais on peut aussi obtenir des dépôts très minces, qui adhèrent à la surface de l'objet et lui servent de couche protectrice, sans en altérer sensiblement les contours ni la forme : les procédés employés dans ce cas constituent la dorure, l'argenture, le cuivrage, le nickelage... galvaniques, selon que le métal déposé est l'or, l'argent, le cuivre, le nickel, etc. Telle est, quant au résultat, la différence qui existe entre la *galvanoplastie* et ce qu'on nomme quelquefois l'*électrochimie*, la *galvanisation*. Le principe est le même, les procédés sont différents; de plus, comme on va le voir, ils ont été découverts d'une façon indépendante. L'invention de la dorure galvanique remonte, en effet, à une date bien plus éloignée que celle de la galvanoplastie.

Dès 1805, un professeur de chimie à l'université de Pavie, Louis Brugnatelli, découvrait le moyen de

---

[1]. C'est le 7 octobre 1838 que le savant physicien russe put présenter à l'Académie des sciences de Saint-Pétersbourg une plaque en cuivre où se trouvait reproduite en relief l'empreinte des dessins gravés en creux sur une plaque semblable.

dorer les médailles et les petits objets d'argent à l'aide de la pile. Il se servait d'une dissolution de chlorure d'or dans l'ammoniaque (ammoniure d'or), dans laquelle était plongé l'objet à dorer, et faisait communiquer ce dernier par un fil d'acier ou d'argent au pôle négatif d'une pile. A la vérité, cette invention resta longtemps inconnue et inappliquée, et c'est là découverte de la galvanoplastie qui provoqua des recherches dans cette voie et fit revivre pour ainsi dire la découverte de Brugnatelli. En 1840, M. de la Rive, l'illustre physicien de l'Académie de Genève, après de longues recherches faites dans le but de soustraire les ouvriers doreurs aux dangers de l'emploi du mercure, parvint à dorer le laiton, le cuivre et l'argent au moyen de la pile. La dissolution qu'il employait était « une solution de chlorure d'or aussi neutre que possible et très étendue (de 5 à 10 milligrammes d'or par centimètre cube), dans un sac cylindrique formé d'une membrane de vessie; ce diaphragme est plongé dans un vase de verre contenant de l'eau convenablement acidulée, et il baigne lui-même dans la dissolution d'or ». Un cylindre de zinc uni par un fil d'argent à l'objet à dorer déterminait la production du courant électrique, qui devait être très faible. Divers perfectionnements furent apportés au procédé de M. de la Rive par plusieurs savants, MM. Elsner, Bœttger, Perrot, Smée; mais bientôt une méthode nouvelle, presque simultanément découverte par un Anglais, M. Elkington (septembre 1840), et un Français, M. de Ruolz (1841), vint donner à cette application de l'électrochimie une impulsion féconde. La galvanoplastie, à partir de ce moment, devint un véritable art industriel entre les mains de M. Christofle, qui acquit les brevets des deux inventeurs.

Sans entrer dans l'histoire détaillée des phases

par lesquelles ont passé la galvanoplastie et l'électrochimie depuis trente ans, décrivons les divers
procédés tels qu'ils sont généralement employés
aujourd'hui.

II

La galvanoplastie proprement dite.

Occupons-nous d'abord de la *galvanoplastie pro-*
prement dite, de l'art qui permet de reproduire par
un dépôt métallique homogène, mais non adhérent et
suffisamment épais, le relief d'un objet quelconque,
de médailles, statues, bas-reliefs, ornements archi-
tecturaux, bijoux, etc.

Selon le but qu'on se propose, la reproduction gal-
vanosplastique d'un objet peut se faire de deux
manières différentes. Veut-on obtenir une reproduction identique, où le relief et les creux soient ceux
du modèle même, il faut en ce cas commencer par
faire un moule dont les creux sont les reliefs du
modèle, et réciproquement : les procédés ordinaires
du moulage au plâtre, à la cire, etc., sont ceux qu'on
emploie alors; mais il est clair qu'on pourrait obtenir d'abord le moule à l'aide de la galvanoplastie,
puis, par une seconde opération faite avec cette
contre-épreuve, reproduire l'objet. La première de
ces opérations suffira, si c'est une reproduction en
creux des reliefs du modèle qu'on se propose de
faire.

Dans tous les cas, la surface du moule sur laquelle
le courant viendra déposer le métal voulu devra être
bonne conductrice de l'électricité : c'est ce qui arri-
vera si le moule est métallique. Si, comme cela a lieu
le plus souvent dans la pratique, le moule est de cire,
de soufre, de plâtre, ou mieux de gélatine ou de gutta-

percha [1], il faudra préalablement en *métalliser* la surface. On y parvient de plusieurs manières. Le procédé le plus simple consiste à recouvrir le moule, à l'aide d'un pinceau ou d'une brosse, d'une couche mince et uniforme de poudre de plombagine; c'est à M. Jacobi qu'est dû ce moyen de rendre le moule bon conducteur. On peut aussi se servir d'une solution de nitrate d'argent dans l'alcool; dans ce cas, on expose la surface ainsi humectée du moule aux émanations de l'acide sulfhydrique; il se forme alors une couche noire, extrêmement mince, de sulfure d'argent, et ce dernier composé est un excellent conducteur. Ce second moyen est employé surtout quand on veut reproduire des objets délicats, des fleurs, des fruits, ou encore des objets de verre, de cristal.

Le moule obtenu et prêt à recevoir le dépôt métallique, il faut préparer le bain et l'appareil galvanoplastique. Ce qu'on nomme l'*appareil simple* consiste précisément dans le bain lui-même, qui constitue, à vrai dire, une pile à courant constant, telle que celle de Daniell. Supposons qu'il s'agisse de reproduire un objet en cuivre : c'est le métal le plus fréquemment employé. On met dans une cuve, dans un vase de verre, une dissolution de sulfate de cuivre (c'est la

---

1. A l'origine, c'est le plâtre, le soufre, la cire qu'on employait le plus souvent pour la confection des moules galvanoplastiques. Mais on trouva bientôt des substances plus avantageuses. La gélatine coulée à chaud donne une reproduction fidèle des objets; elle est surtout d'un emploi commode pour les empreintes d'objets fragiles; grâce à sa double propriété d'augmenter de volume dans l'eau et de diminuer dans l'alcool, on s'en sert aujourd'hui pour obtenir des clichés amplifiés ou réduits de gravure. La gutta-percha est d'un usage constant pour la plupart des opérations de la galvanoplastie; inaltérable aussi bien dans les bains alcalins que dans les bains acides, ramollie sous l'action de la chaleur, elle s'applique à chaud sur les objets, dont elle épouse et reproduit les formes dans leurs plus minutieux détails.

substance connue dans le commerce sous le nom de *couperose bleue*). Au centre de la cuve, on place un vase poreux rempli lui-même d'eau acidulée avec de l'acide sulfurique, et dans lequel plonge une lame ou un cylindre de zinc formant le pôle négatif de la pile.

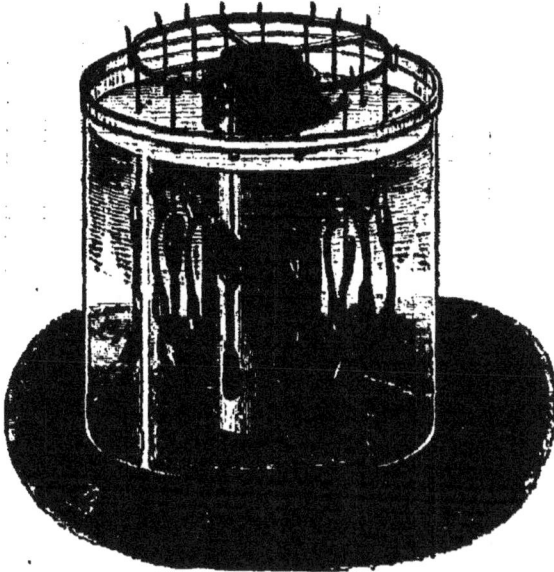

Fig. 112. — Appareil simple pour la galvanoplastie.

C'est à ce pôle qu'on suspend par un fil métallique, qui l'enveloppe de manière à être en contact avec la couche conductrice (plombagine ou sulfure d'argent), le moule de l'objet à reproduire. La figure 112 montre comment on dispose l'appareil, qui sert également à la dorure et à l'argenture électro-chimiques. Dans ce cas, la nature du bain varie, ainsi que nous le verrons bientôt.

L'appareil simple n'est donc autre chose qu'une pile, dans laquelle le moule et le zinc forment le pôle négatif, tandis que la solution du sulfate de cuivre est le pôle positif : le fil métallique de suspension réunit les deux électrodes.

Dès que le courant est établi, le sulfate de cuivre est décomposé, et le dépôt du métal se fait sur toute la surface du moule. Mais à mesure que ce dépôt se forme, le bain s'appauvrit par cela même, devient de plus en plus acide, et le métal déposé perdrait ses propriétés plastiques, sa cohérence, si la solution

Fig. 113. — Appareil composé pour la galvanoplastie.

n'était maintenue à son état normal de saturation par des cristaux de sulfate de cuivre qu'on place dans le bain, à l'intérieur d'un sac.

Ce qu'on nomme en galvanoplastie l'*appareil composé* ne diffère de l'appareil simple qu'en ce que la pile est extérieure au bain; pour empêcher le bain de s'appauvrir, on y maintient plongée une lame de cuivre, qu'on fait communiquer avec le pôle positif de la pile, tandis que le moule est relié métalliquement au pôle négatif. Cette lame rend incessamment à la solution la quantité de cuivre qui se dépose, de sorte que la concentration du bain reste constante. Jacobi, à qui l'on doit cette dernière disposition, a donné à la lame de cuivre de l'appareil composé le nom d'*électrode soluble* [1].

[1] « On doit à M. H. Bouillet, l'un des directeurs de la maison Christofle, une modification des bains qui améliore notable-

Depuis quelque temps, on remplace avec avantage la pile par les machines dynamo-électriques dans les usines galvanoplastiques. Dès 1872, M. Gramme livrait pour cet usage à M. Christofle une machine à deux bobines et à quatre électro-aimants qui, en absorbant la force d'un cheval-vapeur, était capable de déposer 600 grammes d'argent à l'heure. L'année suivante, l'inventeur fournissait un nouveau type, spécialement destiné à la galvanoplastie, et bien supérieur à celui dont nous venons de parler. La nouvelle machine n'a plus qu'une bobine au lieu de deux et deux électro-aimants au lieu de quatre. Son poids est quatre fois moindre et, pour une force motrice de 50 kilogrammètres, permet le dépôt de 600 grammes d'argent à l'heure, comme la précédente.

Les machines dynamo-électriques destinées à cet usage spécial diffèrent, en un point important, des machines à lumière. Dans celles-ci, il faut de la tension plus que de la quantité; pour les opérations électro-chimiques, il faut au contraire de la quantité et une faible tension. C'est à quoi on parvient en employant, pour les électro-aimants inducteurs et la bobine, des fils d'une faible résistance. Dans ses machines à galvanoplastie, M. Gramme emploie pour la garniture des électro-aimants, au lieu du fil rond dont il se servait d'abord, d'une seule feuille de cuivre mince, recouvrant toute la largeur d'une demi-barre d'électro-aimant; quant au fil de la bobine, il est

ment les qualités du cuivre déposé. Il suffit, pour cela, d'introduire dans la dissolution de sulfate de cuivre des traces de gélatine. Le mode d'action de cette substance est inconnu, mais ce qu'il y a de parfaitement démontré, c'est que le cuivre déposé dans un bain contenant de la gélatine ressemble au cuivre laminé; il est à la fois plus tenace et plus dur que le cuivre obtenu dans un bain ordinaire; ce dernier ressemble au cuivre fondu, il en a la mollesse et la porosité. » (*Dict. de Chimie,* de Wurtz.)

méplat et très épais, devant d'ailleurs offrir assez de rigidité pour pouvoir résister aux effets de la force centrifuge développée par une vitesse de rotation de 500 tours à la minute.

III

Applications diverses de la galvanoplastie.

Entrons maintenant dans quelques détails sur les diverses applications industrielles ou artistiques de la galvanoplastie.

Les procédés que nous venons de décrire s'appliquent tels quels à la reproduction des médailles, des cachets, de toutes les pièces de petites dimensions dont une face seule est gravée. On les utilise aujourd'hui pour la reproduction des planches gravées sur bois, sur acier ou sur cuivre, planches qui s'altèrent ou s'usent assez rapidement, quand on les soumet à un tirage direct, et dont la galvanoplastie permet de conserver indéfiniment les types.

Un bois gravé donne au maximum un tirage de dix mille épreuves, après quoi il est usé, déformé et hors d'usage. Voici comment on reproduit autant de clichés qu'on veut, pouvant servir à l'impression. On commence par métalliser la surface du bois avec de la plombagine, puis on prend une empreinte avec la gélatine ou la gutta-percha. On soumet le moule ainsi obtenu et métallisé à l'action galvanoplastique; une couche de cuivre [1] s'y dépose, en reproduisant avec

1. Depuis quelques années, certains clicheurs ont substitué le nickel au cuivre pour le clichage des gravures. Comme le nickel est trois fois plus résistant que le cuivre, un dépôt de 3 à 4 dixièmes de millimètre de ce métal remplacera un dépôt de cuivre de 1 millimètre d'épaisseur. A cet avantage, il faut joindre le prix peu élevé du nickel; cette application du nicke-

la plus grande fidélité les moindres traits de la gravure. Au bout d'un temps qui ne dépasse guère vingt-
quatre heures, l'épaisseur de la feuille métallique
atteint un vingtième de millimètre; ce ne serait pas
assez pour offrir une résistance à l'action des presses

Fig. 114. — Reproduction d'une médaille par la galvanoplastie
moule en creux.

typographiques, mais on renforce la plaque en cou-
lant sur le revers un alliage de plomb et d'antimoine
(composition des caractères d'imprimerie). Puis on le
redresse, on enlève les bavures, on le monte sur bois,
et le cliché ainsi obtenu est prêt à servir au tirage. Il
peut supporter alors, sans déformation ni altération,
l'impression de quatre-vingt mille exemplaires. Quant
au type gravé sur bois, il reste absolument intact et
peut fournir indéfiniment des clichés semblables.

lage aux clichés est pratiquée par MM. Boudreaux, Christofle,
Lionnet, mais elle s'opère aussi pour un grand nombre de
pièces dans les machines industrielles ou scientifiques.

Un procédé analogue permet de reproduire des planches gravées sur cuivre ou sur acier; d'ordinaire l'empreinte elle-même s'obtient par l'épreuve galvanoplastique, et, avec ce moule, on opère de façon à reproduire la planche type. Il y a seulement, pour éviter l'adhérence, une précaution à prendre :

Fig. 115. — Médaille reproduite en relief par la galvanoplastie.

c'est d'exposer la planche, avant de la mettre dans le bain, aux vapeurs d'iode. C'est ainsi, par exemple, qu'on procède pour l'impression des timbres-poste. On réunit deux ou trois cents empreintes ou matrices du type de la gravure, et l'on obtient de la sorte des planches permettant l'impression de feuilles répétant le même nombre de timbres. On comprendra l'utilité de cette multiplication du type primitif, quand on saura qu'en France on tire chaque jour plus de deux millions de timbres-poste. Pour éviter les contrefaçons, que les reports sur pierre rendraient faciles, le papier sur lequel sont tirés les timbres est enduit d'une encre blanche de sûreté qui se trouverait reportée sur la pierre lithographique comme les traits du dessin : à l'impression, on n'obtiendrait plus qu'une tache uniforme recouvrant toute la feuille.

C'est à l'aide de la galvanoplastie que M. Smee a

fabriqué les clichés permettant l'impression typographique des billets de la Banque d'Angleterre. Pour donner une idée de la résistance de ces clichés, nous citerons les lignes suivantes du mémoire où ce savant physicien rend compte des procédés employés pour cette reproduction. « L'électrocuivre, dit-il, est d'une telle durée, qu'on peut à peine assigner la limite au delà de laquelle il est hors d'usage; et au journal le *Times* on assure qu'un moulage de ce genre a déjà fourni un tirage de vingt millions sans être complètement usé. Jusqu'à présent on n'a pas encore atteint la limite de la durée des électromoulages pour l'impression des billets de la Banque, et l'on a déjà imprimé au delà d'un million de billets sans effet bien sensible. »

En France, dès 1848, M. Hulot a aussi employé la galvanoplastie à la reproduction et à l'impression des billets de banque, puis à celle des figures des cartes à jouer.

Si la galvanoplastie rend les plus signalés services à l'impression des gravures de divers genres, elle n'est pas moins utile à la correction des planches gravées : par exemple à l'introduction de détails nouveaux dans les cartes géographiques ou topographiques. Ces modifications sont indispensables dans les grandes publications telles que la grande carte de France de l'État-major : rectification des routes, addition de routes nouvelles, de chemins de fer, de canaux, de travaux industriels, etc., tout cela n'était possible que par des procédés de retouche, de refoulage au marteau qui risquaient d'endommager les planches types. M. Georges a imaginé une méthode de correction par laquelle ces graves inconvénients sont évités. On enlève au grattoir les parties à modifier; on y fait, en prenant les précautions nécessaires, un dépôt de cuivre par la galvanoplastie. Puis on plane avec soin;

on prend une épreuve où les parties à modifier viennent en blanc; les dessinateurs tracent les nouvelles
lignes, qui, reportées sur la planche, sont alors
livrées au graveur.

On sait combien il importe, dans les impressions
chromo-typographiques, d'avoir un repérage rigoureux pour le tirage des planches de diverses cou-
leurs. La galvanoplastie permet d'obtenir une justesse
parfaite pour le repérage des planches de ce genre.
L'Imprimerie nationale a pu ainsi tirer en couleur de
nombreuses cartes, et notamment la grande Carte
géologique de France, qui est elle-même basée sur
le tracé de l'État-major pour tout ce qui regarde la
partie topographique.

Mais la galvanoplastie ne permet pas seulement de
reproduire des planches identiques aux planches gravées : elle est appliquée à la gravure directe, dans
le genre de la taille-douce ou de l'eau-forte. Seulement alors ce n'est plus par un dépôt métallique, et
la plaque sur laquelle est tracé le dessin à reproduire, au lieu d'être placée dans le bain au pôle
négatif, est disposée comme anode soluble. En effet,
sa surface étant recouverte d'une mince couche de
vernis isolant, et le dessin tracé à la pointe ayant mis
à nu le métal, ce dernier est attaqué par l'action électrolytique; il se creuse de la même manière que dans
le procédé à l'eau-forte, et la gravure se trouve faite
sans que l'opérateur ait à redouter l'action nuisible
des émanations nitreuses.

Les procédés Dulos, Gillot, Garnier, pour la gravure en relief sur cuivre et sur zinc, sont aussi basés
en partie sur la galvanoplastie; mais les détails des
opérations nécessitées par ces procédés sont trop
minutieux pour que nous puissions les reproduire
ici : ils nous entraîneraient d'ailleurs en dehors de
notre sujet.

Disons maintenant quelques mots des applications de la galvanoplastie à la reproduction des objets en ronde bosse, des bustes, des statues, des vases, chapiteaux et autres ornements d'architecture.

Le principe est toujours le même. Seulement la reproduction de pièces de grandes dimensions offrait, à l'origine, des difficultés qu'on a heureusement surmontées. Il s'agissait surtout d'éviter l'inégalité d'épaisseur des dépôts dans les diverses parties du moule, et en même temps d'obtenir partout une épaisseur qui donnât à l'objet d'art reproduit une solidité suffisante. Supposons un moule de statue, dont les parties sont rapprochées de manière à former le creux qu'occupait le modèle avant le moulage. La question est d'obtenir, sur toutes les parois intérieures, un dépôt de cuivre égal et régulier. On avait d'abord employé une anode soluble, qu'on plaçait à l'intérieur du moule; la dissolution rapide de cette anode ne donnait qu'un dépôt inégal d'une épaisseur insuffisante. M. Lenoir imagina d'employer une anode insoluble, constituée par des fils de platine contournant toutes les parties du moule sans le toucher. Des cristaux de sulfate de cuivre, renfermés dans une poche de gutta-percha percée de trous, fournissaient le cuivre nécessaire à la reconstitution de la dissolution, à mesure que le dépôt l'épuisait; mais c'était un moyen coûteux et dès lors applicable seulement aux petits objets. M. Planté eut l'idée de remplacer le platine par le plomb : on introduit dans le moule un noyau de plomb percé de trous, reproduisant grossièrement la forme du moule un peu plus petite, de façon à laisser entre le noyau et les parois un intervalle convenable. On peut obtenir ainsi des pièces de toutes dimensions, ayant dans toutes leurs parties une égale épaisseur. C'est par ce procédé qu'ont été obtenus les bustes monumentaux qui décorent, à Paris, la façade du nouvel Opéra.

La figure 116 montre, dans une des moitiés du moule qui a servi à la reproduction galvanoplastique du vase de la figure 117, comment est disposé le

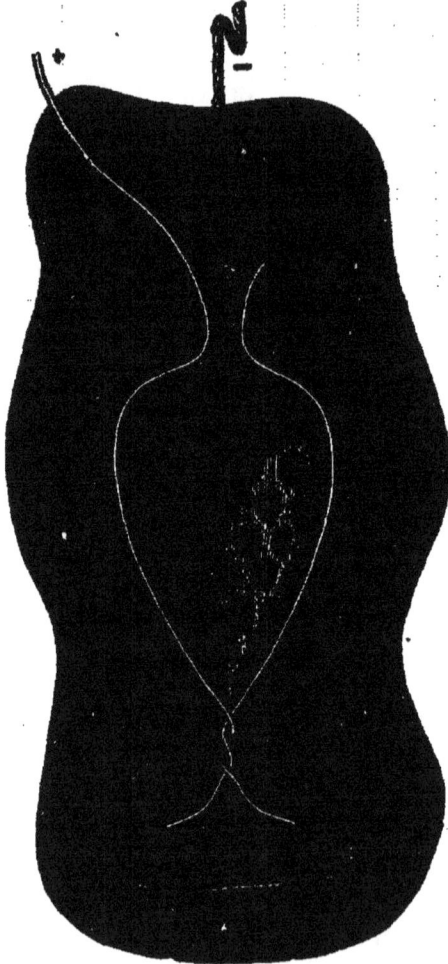

Fig. 116. — Disposition du moule pour la galvanoplastie en ronde bosse.

noyau de plomb dont il s'agit. Grâce au procédé dont nous venons de donner une idée, le moulage des plus belles et des plus grandes œuvres de la statuaire est devenu possible : des statues de 2 mètres, et même de 4 mètres 1/2 de hauteur, destinées à la nouvelle

salle de l'Opéra, ont été moulées par l'électricité avec
une perfection que ne pouvait dépasser l'ancien art
du fondeur. Une statue de 9 mètres, pesant 3 500 kilo-

Fig. 117. — Vase reproduit par la galvanoplastie.

grammes, a été faite de la même façon. L'épaisseur
du cuivre n'est pas moindre de 4 mm. 5; mais il n'a
pas fallu moins de deux mois et demi pour mener à
fin cette opération. Ces travaux remarquables ont
été exécutés par une de nos grandes maisons industrielles, la maison Christofle et Cⁱᵉ. On doit à M. Oudry
la reproduction galvanoplastique en cuivre des bas-
reliefs qui composent la colonne Trajane : ces bas-
reliefs, moulés en plâtre, à Rome, sur la colonne de

marbre de 50 mètres de hauteur, sur 4 mètres de diamètre, et au nombre de 600, ont chacun en moyenne une superficie de 1 mètre carré. On voit, par l'importance de ce travail, que l'art galvanoplastique, si remarquable par la fidélité et la perfection de ses produits, est devenu, entre les mains de nos savants et de nos fabricants, une véritable et grande industrie.

IV

Électrochimie. — Dorure et argenture galvaniques.

Le principe sur lequel reposent les méthodes de dorure, d'argenture, et en général de dépôt d'un métal sur la surface d'un objet en couche mince adhérente, est le même que celui de la galvanoplastie proprement dite : c'est toujours la propriété électrolytique d'un courant voltaïque, lequel, en traversant une dissolution d'or, d'argent,... la décompose et transporte le métal au pôle négatif. Seulement, au lieu d'un dépôt sans adhérence, il faut ici obtenir un dépôt qui fasse corps avec l'objet.

Le principe était connu, mais il restait des difficultés pratiques à vaincre : il fallait déterminer les conditions d'adhérence du dépôt, trouver la meilleure composition du bain, le meilleur mode de préparation des objets à recouvrir, etc. Nous avons vu que c'est à MM. Elkington et Ruolz que sont dus les premiers procédés véritablement industriels de dorure et d'argenture.

Les appareils employés, composés ou simples, sont les mêmes que nous avons décrits en galvanoplastie. La préparation de l'objet consiste principalement dans le décapage de la surface, laquelle doit être parfaitement dépouillée de toute substance étrangère. Si l'objet est de bronze, on lui fait subir un recuit au rouge sombre. S'il est de laiton, on le lave dans une dissolution de soude concentrée ; mais il reste toujours alors une légère couche d'oxyde qu'on fait disparaître par le dérochage, opération qui consiste dans une immersion de l'objet au sein d'un bain acide. Enfin, si l'objet à dorer ou à argenter est de fer, d'acier, de zinc, d'aluminium, il faut le recouvrir préalablement, par la galvanoplastie, d'une légère couche de cuivre, sans quoi l'or ou l'argent déposé à sa surface ne serait pas adhérent.

Maintenant il s'agit de préparer le bain. Pour la dorure, c'est une dissolution de cyanure d'or dans un excès de cyanure de potassium ; pour l'argenture, sa composition est toute semblable : c'est une dissolution de cyanure d'argent dans un excès de cyanure de potassium. Mais tandis que, pour l'argenture, on peut opérer à la température ordinaire, pour la dorure il est bon que la température du bain pendant l'opération soit maintenue à un degré assez élevé, à 70° d'ordinaire : à froid, la couleur du dépôt serait moins belle. On met au pôle positif une lame d'or ou une lame d'argent, par laquelle le courant entre dans la dissolution, et qui sert d'anode soluble. L'objet à dorer ou à argenter forme le pôle négatif. Dès que l'action électrolytique est commencée, le cyanure d'or se décompose, l'or est transporté au pôle négatif, où il recouvre peu à peu toute la surface de l'objet; mais le cyanogène, en se rendant au pôle positif, s'y combine avec l'or, et du cyanure d'or se reforme en même quantité que le courant en décompose. Le titre de la dissolution ne change donc pas, condition essentielle de l'opération. Les phénomènes sont tout à fait semblables au sein du bain d'argent.

Les figures 118 et 119 montrent comment sont disposés les appareils composés pour la dorure ou l'argenture. Une grande cuve de bois, dont les parois sont enduites intérieurement de gutta-percha, reçoit le bain. Les objets y sont suspendus à des tringles de cuivre posées sur un châssis métallique qui communique avec le pôle négatif de la batterie électrique.

Fig. 118. — Argenture galvanoplastique; appareil composé.

Un autre châssis isolé du premier porte des tringles auxquelles sont suspendues les lames d'or ou d'argent formant les anodes solubles.

La force du courant doit être réglée de manière à donner un dépôt parfaitement adhérent. L'épaisseur de la couche déposée dépend d'ailleurs de la durée de l'opération. En pesant préalablement les pièces décapées avant de les mettre au bain, en faisant une nouvelle pesée après leur sortie, on se rend un compte exact du poids du métal précieux déposé, de l'épaisseur de la dorure ou de l'argenture.

On peut, du reste, employer un appareil qui règle automatiquement la durée de l'opération, toutes les fois qu'on veut déposer sur les objets à recouvrir un poids fixé d'avance du métal précieux, or ou argent. Cet appareil, imaginé par M. Roseleur, n'est autre qu'une balance disposée comme l'indique la figure 120.

A gauche, on voit l'appareil placé au-dessous du
fléau, de manière que les objets à dorer ou à argenter
soient supportés par ce dernier, lorsqu'ils plongent
dans le bain. Une tringle horizontale, fixée à la colonne de la balance, porte d'un côté l'anode soluble
qui plonge dans le bain, et communique de l'autre

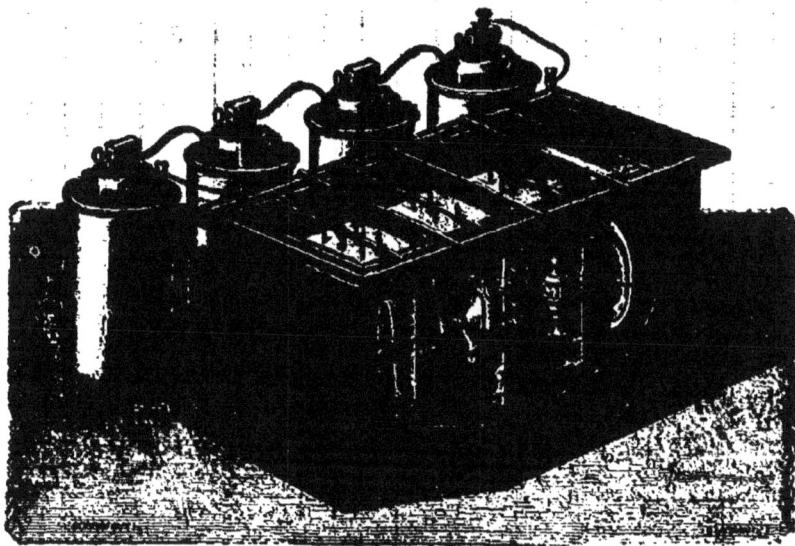

Fig. 119. — Appareil composé pour la dorure ou l'argenture
galvanoplastiques.

avec le pôle positif de la pile. L'autre fléau porte
un double bassin : dans le bassin supérieur, on place
une tare qui produit l'équilibre et maintient le fléau
horizontal. Dans cette position, le courant ne passe
pas, attendu que les tringles portant les objets qui
doivent former le pôle négatif ne communiquent pas
avec la pile. Mais, si l'on place alors dans le second
bassin de la balance les poids marqués formant le
poids du métal précieux qu'on veut déposer sur les
objets immergés, l'équilibre est rompu, le fléau pen-
che vers la droite; une pointe métallique dont il est
muni plonge dans un godet rempli de mercure relié

au pôle négatif de la pile, et dès lors le circuit est fermé : l'opération commence.

L'opération dure, sans surveillance, tant que le dépôt n'a pas atteint l'excès de poids déterminé; mais

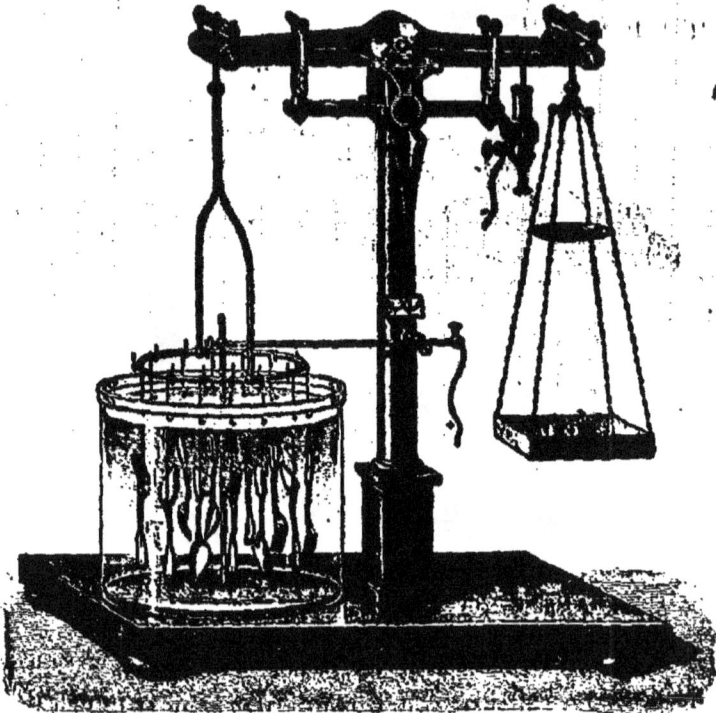

Fig. 120. — Balance Roseleur pour l'argenture ou la dorure galvanoplastiques.

aussitôt que cette limite va être dépassée, l'équilibre se rétablit, le contact cesse, et le courant est interrompu.

Nous n'entrerons pas dans le détail des opérations purement techniques qui suivent le dépôt de la couche d'or ou d'argent sur les objets, dès qu'on les a retirés du bain. Disons seulement que la couleur mate de cette couche est rendue brillante par le *gratte-bossage* et le *brunissage*, c'est-à-dire par le frottement

des parties qui doivent être polies, à l'aide d'une
brosse de laiton animée d'un mouvement rapide de
rotation, puis au moyen de pierres dures ou de morceaux d'acier montés sur des manches que manient
les ouvriers.

Le brillant de l'argenture s'obtient directement en
plaçant dans le bain, pendant l'opération, une très
petite quantité de sulfure d'argent. Ce procédé a été
imaginé par M. Planté.

La méthode électro-chimique d'argenture et de
dorure est aujourd'hui, dans tous les pays du monde,
appliquée sur la plus vaste échelle ; elle a permis l'introduction, dans les plus modestes intérieurs, d'un
luxe de bon aloi, qui est en même temps un auxiliaire de la propreté, puisqu'une foule d'objets usuels
acquièrent, par le revêtement de métal précieux dont
l'électro-chimie les recouvre, la précieuse qualité de
l'argent ou de l'or : l'inaltérabilité. Mais en même
temps l'humanité y a trouvé son compte, car l'aban-
don des anciens procédés de dorure au mercure
soustrait ainsi de nombreux ouvriers à l'influence
délétère des émanations mercurielles. Enfin une
quantité considérable de métaux précieux, immobi-
lisés auparavant dans l'orfèvrerie massive, ont été
rendus de la sorte à la circulation.

Pour donner une idée de l'importance que cette
industrie a prise seulement en France, citons ces
lignes des *Grandes Usines* de M. Turgan :

« Quelques chiffres pris au hasard, dit-il, donne-
ront une idée de l'importance acquise par l'électro-
métallurgie dans la maison Christofle, qui n'est plus
seule depuis l'expiration des brevets Elkington. Il a
été argenté (1865) 5 600 000 couverts, qui ont retiré
de la circulation 33 600 kilogrammes d'argent valant
6 700 000 francs. Une pareille quantité de couverts
exécutés en argent massif aurait fait disparaître de la

circulation un million de kilogrammes d'argent, c'est-à-dire plus de 200 millions de numéraire. 33 600 kilogrammes d'argent, à l'épaisseur adoptée pour les couverts, c'est-à-dire à 5 grammes par décimètre carré, couvriraient une superficie de 112 000 mètres carrés. » Depuis vingt-quatre ans que ces lignes sont écrites, cette industrie intéressante s'est développée dans des proportions considérables [1].

La dorure et l'argenture galvaniques sont appliquées aujourd'hui dans une multitude de circonstances, par exemple aux ornements ciselés dont sont ornés les meubles. La variété des effets qu'on obtient en faisant ce qu'on nomme des *réserves*, c'est-à-dire en dorant certaines parties des objets, en argentant les autres, en employant ici l'or vert, là l'or rouge, etc., a permis d'introduire dans l'ornementation des meubles de luxe une richesse vraiment remarquable. Comme les réserves peuvent être creusées à une épaisseur aussi grande qu'on veut, et remplies de métaux de toutes sortes, la richesse dont nous parlons n'exclut pas la solidité.

L'or et l'argent ne sont pas les seuls métaux appliqués par l'électricité en couches adhérentes. On sait aujourd'hui obtenir des dépôts de platine, de laiton, d'étain, d'acier, de nickel, en employant des dissolu-

---

1. Dans une conférence de M. Bouilhet, neveu et successeur de M. Christofle, nous lisons que cette seule usine dépose annuellement plus de 6 000 kil. d'argent. Depuis sa fondation en 1842, elle n'a pas mis en œuvre moins de 169 000 kil. d'argent déposés sur un nombre incalculable d'objets, à l'épaisseur convenable et suffisante pour assurer à chacun d'eux une durée appropriée à l'usage auquel ils sont destinés. L'épaisseur moyenne correspondait à 300 grammes par mètre carré de surface. La surface d'argent couverte par cette seule usine dépassait donc 56 hectares. A l'époque (1881) où M. Bouilhet donnait ces renseignements, les diverses usines électro-chimiques de Paris n'employaient pas moins de 25 000 kil. d'argent par an.

Fig. 121. — Meuble artistique orné d'incrustations obtenues
par la galvanoplastie.

tions convenables de ces métaux. Pour le platine, c'est une dissolution de phosphate double de platine et de soude. On étame les objets de fer dans un bain de pyrophosphate de soude et de protochlorure d'étain. La nickelure s'obtient en plongeant les objets (le cuivre et ses composés, le fer et ses dérivés), préalablement dégraissés et décapés, dans un bain ainsi formé : une dissolution à saturation dans l'eau chaude, distillée de sulfate double de nickel et d'ammoniaque bien purifié de tous oxydes alcalins ou terreux. On étame aussi galvaniquement le plomb et le zinc.

Une importante application de la galvanoplastie est celle qui consiste à aciérer les planches gravées sur cuivre. La surface de ces planches acquiert ainsi une dureté qui les préserve, au tirage, de toute altération. Dès que la mince couche d'acier ainsi déposée s'use et laisse voir la teinte rouge de la planche sous-jacente, un nouvel aciérage prévient une altération ultérieure.

Pour terminer cet exposé sommaire des applications des propriétés électrolytiques des courants, parlons d'une industrie récente, basée sur les mêmes procédés, et qui a pris entre les mains de son inventeur, M. Oudry, des développements considérables. Il s'agit du cuivrage des objets de grande dimension, vases, statues, candélabres, etc. Parmi les difficultés pratiques à vaincre, nous ne mentionnerons ici que celle qui concernait l'opération fondamentale, c'est-à-dire l'adhérence du dépôt de cuivre sur des pièces que leurs dimensions ne permettaient pas de préparer, de décaper avec le soin minutieux des objets d'orfè-vrerie. Se borner à recouvrir la surface d'une couche de plombagine eût été absolument insuffisant. L'aci-dité des bains eût attaqué les surfaces métalliques bien avant que le dépôt eût pris l'épaisseur convenable. M. Oudry les recouvre donc préalablement d'un

enduit isolant inattaquable aux acides, qui est appliqué
au pinceau, après un nettoyage et des retouches à la
lime et au burin dans les parties de l'ornementation
qui les exigent. Cet enduit, à base de benzine, une
fois sec, la pièce est plombaginée extérieurement et
recouverte d'une pâte terreuse non conductrice, partout où le cuivrage ne doit pas être appliqué. On la
plonge alors dans l'un des appareils, ou grandes
cuves, qui contiennent les bains (fig. 122). Au bout

Fig. 122. — Atelier de cuivrage galvanoplastique
de l'usine Oudry.

de cinq ou six jours, l'épaisseur du dépôt atteint un
millimètre, et l'opération est terminée. Il ne reste
plus qu'à donner au cuivrage l'apparence du bronze,
ce qui se fait en frottant la surface avec une brosse
trempée dans une solution d'acétate de cuivre et
d'ammoniaque.

Les candélabres de la ville de Paris, les fontaines
monumentales de la place Louvois et de la place

de la Concorde, les portes extérieures du nouvel
Opéra, nombre d'ornements métalliques d'architecture, ont été cuivrés par ce procédé, qui substitue
des objets beaux et durables aux anciens modèles de
fonte, que la peinture ne préservait pas de la rouille
et de la destruction. L'industrie électro-métallurgique,
par les services de tout genre qu'elle peut rendre
aux autres industries, est indubitablement appelée à
un grand avenir.

Depuis près de vingt ans, un grand progrès a
permis d'effectuer les dépôts galvaniques de toute
nature à un prix de revient beaucoup plus faible.
Nous voulons parler de la substitution des machines
magnéto-électriques aux piles jusqu'alors employées.
La constance et le bon marché de la nouvelle source
électrique ont produit dans cette intéressante industrie une véritable révolution, en permettant des
applications auxquelles le prix élevé de la pile et
surtout de son entretien obligeait à renoncer. Ce
sont surtout les dépôts électro-chimiques des métaux
usuels, cuivre, étain, fer, nickel, qui ont bénéficié de
cette substitution. D'après les chiffres fournis par la
maison Christofle, qui depuis cinq ans employait les
machines qu'elle avait demandées à Gramme, « avec
la pile, le kilogramme d'argent coûtait 3 fr. 87 de
frais de courant galvanique. Avec la machine Gramme,
en comptant la valeur de la force motrice, l'intérêt
du capital et l'amortissement du matériel, le prix du
dépôt de l'argent était réduit à 0 fr. 94 le kilogramme. »
Cette économie, qui est faible eu égard à la valeur
des métaux précieux, est au contraire considérable
quand elle s'applique aux métaux communs.

V

Électro-métallurgie.

Ce sont les propriétés électrolytiques des courants qui sont utilisées dans les applications que nous venons de décrire; c'est l'incandescence de l'arc voltaïque, qui a permis de créer toute une industrie nouvelle, celle de l'éclairage par l'électricité. Cette incandescence est elle-même déterminée par la haute température résultant de la résistance offerte au passage du courant par la séparation convenablement limitée des électrodes. Cette température est si élevée, qu'elle est capable de réduire, de fondre, de volatiliser les substances les plus réfractaires. Il était donc probable qu'on tenterait d'utiliser industriellement cette intense source calorifique.

Dès 1880, le célèbre électricien Williams Siemens avait construit un fourneau électrique en vue de la fusion de l'acier, et l'année suivante, en présence des membres du Congrès international d'Électricité, il réussissait à fondre quelques kilogrammes d'acier en un quart d'heure. Le fourneau électrique de M. Siemens était formé d'un creuset en charbon de cornue ou en graphite, constituant le pôle positif, tandis que le pôle négatif était une série de crayons de charbon juxtaposés. Entre les deux pôles on maintenait la matière à fondre (c'était de l'acier provenant de limes brisées); l'arc voltaïque jaillissait entre les deux pôles et enveloppait la masse d'acier d'un flux de chaleur dégagée par le passage du courant. L'intensité de ce dernier était de 100 ampères, avec une différence de potentiel de 50 volts. D'après M. Dumas, qui rendait compte de cette expérience à l'Académie, la mise en

mouvement de la machine dynamo-électrique n'avait
exigé qu'une dépense de charbon inférieure à celle
qu'eût nécessitée la fusion directe dans un fourneau
ordinaire. Toutefois l'inventeur faisait ses réserves
sur la possibilité d'appliquer le fourneau électrique
aux opérations courantes de la métallurgie; mais s'il
ne croyait pas qu'il pût être substitué aux appareils
usités, tout au moins pensait-il qu'il pouvait être un
agent utile et précieux pour les opérations chimiques
exigeant des températures élevées, dans des conditions qu'il avait été impossible d'assurer jusqu'à présent. Depuis cette époque, c'est-à-dire depuis moins
de dix ans, le fourneau électrique de M. Siemens a
suggéré des applications dont la réussite semble
devoir dépasser de beaucoup les espérances de celui
qui l'avait le premier utilisé pour une opération mé-
tallurgique à petite échelle. Deux industriels américains, les frères Cowles, ont monté à Milton (près de
Stoke-on-Trank, U. S.) une usine spécialement destinée à la fabrication des alliages d'aluminium par
les procédés électro-métallurgiques.

La machine dynamo-électrique qu'ils employaient
est, paraît-il, la plus puissante machine à courant continu aujourd'hui connue mise en mouvement par un
moteur à vapeur compound de la force de 600 chevaux;
elle fournit normalement, à la vitesse de 380 tours
par minute, 5000 ampères avec une tension de 60 volts.
Exceptionnellement elle peut donner jusqu'à 8000 ampères. Le courant intense va produire alternativement, dans deux séries de six fourneaux électriques
chacune, la haute température à laquelle a lieu la
fusion du minerai d'aluminium. Ce minerai est le
corindon. Nous n'entrerons pas dans les détails rela-
tifs à la disposition des fourneaux, aux artifices employés pour maintenir et régler l'arc qui se dégage
aux électrodes au sein de la matière qu'il réduit. Pour

obtenir le bronze d'aluminium, on mélange 70 kilogrammes de cuivre à 40 kilogrammes de corindon. Ces proportions varient du reste selon la teneur de l'aluminium dans l'alliage qu'on veut obtenir (à 10, à 5, à 2, 5 pour 100).

Les mêmes métallurgistes fabriquent également le laiton d'aluminium, le bronze de silicium, le ferro-aluminium, etc. Les propriétés de ces divers alliages sont telles, que l'on considère leur fabrication en grand et par suite leur production à bon marché comme destinée à faire une véritable révolution, sinon dans la métallurgie elle-même, du moins dans une foule d'industries où ces alliages vont naturellement trouver leur emploi.

VI

Application des courants électrolytiques à la rectification des alcools et à la métallurgie.

Une industrie importante, celle de la fabrication des alcools, paraît devoir mettre à profit les propriétés électrolytiques des courants électriques pour une des opérations qui laissaient le plus à désirer, celle de la rectification des alcools de mauvais goût. D'après M. L. Naudin, ces alcools doivent leur mauvaise odeur et leur saveur détestable à des composés qui se forment pendant la fermentation et la distillation, principalement à des aldéhydes, qui ne sont autre chose, comme leur dénomination l'indique, que des alcools incomplets, des alcools déshydrogénés. Les procédés usités pour transformer les eaux-de-vie mauvais goût en alcools bon goût, c'est-à-dire en alcools n'ayant plus ni odeurs ni saveurs étrangères, sont de diverses sortes : la rectification et la concen-

tration, l'emploi des dissolvants et des absorbants,
enfin celui des réactifs chimiques. M. Naudin a imaginé de traiter les flegmes par les courants électriques; la décomposition de l'eau qu'ils contiennent
fournit l'hydrogène qui se porte sur les aldéhydes, et
ces derniers se transforment en alcools. Le procédé
employé consiste à faire passer les flegmes au contact d'une sorte de pile constituée par des rognures
ou des lames de zinc, à la surface desquelles on a
obtenu une précipitation chimique de cuivre dans
une solution aqueuse de sulfate de cuivre. Un courant d'eau chaude circulant dans un serpentin maintient dans la cuve qui renferme les flegmes une température convenable, d'environ 25 degrés.

Suffisante pour les alcools provenant de la distillation du maïs, cette opération ne l'est plus pour
les flegmes d'eau-de-vie de betterave. Dans ce cas,
M. Naudin fait passer les flegmes traités par le procédé que nous venons de décrire sommairement, dans
un électrolyseur actionné par une machine magnéto-
électrique. Grâce à ces procédés nouveaux, le rendement en alcool de bon goût s'élève de 45 à 85
pour 100. La méthode de rectification des alcools par
l'électricité, de M. L. Naudin, est appliquée depuis
quelque temps avec succès à l'usine de Bapaume-
lez-Rouen, où l'on a traité ainsi, en une seule
saison, 700 000 litres de flegmes de maïs et de betterave.

Un Allemand, M. Eisenmann, de Berlin, a imaginé
un appareil à l'aide duquel il purifie les alcools au
moyen de l'ozone, oxygène rendu plus actif par
son électrisation que l'oxygène ordinaire. Il prépare
l'ozone en faisant passer un courant électrique dans
un tube de verre que traverse un courant d'air. Puis,
à l'aide d'un jet de vapeur, il aspire l'ozone formé,
qui barbote dans le réservoir contenant les flegmes,

maintenus par un serpentin d'eau chaude à la température de 70 degrés.

Signalons encore, comme une intéressante application des propriétés électrolytiques des courants, celle qui a pour objet le traitement des minerais de cuivre et de zinc et l'extraction des métaux précieux.

Lorsque dans les eaux sulfatées des mines de cuivre on dépose des barres de fer, une quantité équivalente au cuivre contenu dans ces liquides se dissout, et le cuivre se précipite à l'état pulvérulent. Ce dépôt est activé si l'on se sert de la pile; mais depuis quelques années on a substitué à ce procédé où l'électrolyse joue déjà un rôle, un procédé nouveau beaucoup plus avantageux, et qui consiste à employer des machines dynamo-électriques. Dans les mines d'Oker, trois machines Siemens fonctionnent nuit et jour, desservant chacune 10 à 12 bassins, et fournissent quotidiennement chacune 250 à 300 kilogrammes de cuivre métallique. Des procédés analogues viennent d'être appliqués à la métallurgie du zinc : M. Létrange soumet les minerais de ce métal, calamine ou blende, après une opération qui consiste à les transformer en sulfates, à la réduction électrolytique opérée par des machines Gramme et Siemens.

Enfin, « M. Tichenor, de San Francisco, vient, dit *la Lumière électrique*, de faire breveter un nouveau procédé d'extraction des métaux nobles. Dans ce procédé, le minerai est versé dans un entonnoir, d'où une chaîne à godets l'amène au fond d'une chaudière contenant du plomb fondu. Un courant électrique, que l'on fait passer en même temps, aide à l'alliage des métaux avec le plomb. La gangue monte à la surface et on l'enlève facilement. Quand le plomb est assez chargé, on sépare les métaux nobles par coupellation. »

CHAPITRE VI

ACCIDENTS CAUSÉS PAR LES CONDUCTEURS ÉLECTRIQUES

Toutes les fois que l'homme s'approprie, pour ses besoins ou ses plaisirs, une force naturelle, une puissance quelconque d'une certaine intensité, il est pour ainsi dire inévitable que, dans certaines circonstances, cette puissance tourne son énergie contre lui : les machines à vapeur en ont donné et en donnent encore de trop fréquents exemples. Les substances explosives déterminent ainsi de temps à autre de terribles catastrophes. L'emploi industriel des machines électriques ne pouvait échapper à cette loi fatale, et depuis que l'éclairage par l'électricité, notamment, se répand un peu partout, les accidents deviennent de plus en plus nombreux.

On connaît les fulgurants effets de l'électricité atmosphérique, qu'on ne peut malheureusement éviter, là où des paratonnerres bien établis ne protègent pas les édifices et les personnes qui s'y trouvent enfermées en temps d'orage. Les effets des courants dynamo-électriques ne sont guère moins terribles.

En voici quelques cas qui prouveront quels dangers peuvent courir les personnes qui, par imprudence, négligence des constructions ou par leur propre ignorance, viennent à se trouver, par le contact d'une partie quelconque de leur corps, sur le trajet des courants d'une certaine puissance.

Le premier cas, signalé par le *New York Herald*, remonte au mois de février 1882, et a eu pour théâtre une minoterie de Pittsburg. L'usine était éclairée par seize lampes, qu'alimentait une seule machine électrique. Déjà on avait dû entourer la génératrice d'une barrière de quatre pieds de hauteur, pour empêcher de jeunes garçons employés dans l'usine de s'amuser à des expériences dangereuses. Le matin du 21 février, vers une heure, un ouvrier prit une lanterne pour voir l'heure au cadran d'une horloge voisine de la machine, et s'accouda sur la balustrade. L'ingénieur qui faisait des expériences avait, paraît-il, tendu un fil conducteur entre la machine et la partie inférieure de la balustrade. Lorsque l'ouvrier s'appuya sur celle-ci, il tourna sur lui-même, poussa un cri, tomba dans les bras de l'ingénieur qui était derrière lui, et rendit le dernier soupir. On supposa qu'en s'accoudant sur la barrière, il toucha le conducteur avec la lampe qu'il tenait à pleine main, le circuit se trouvant de la sorte fermé par son corps et la terre. Une trace livide tout autour de sa gorge et un long sillon allant de la cuisse gauche à la cheville formaient la trace du chemin suivi par le courant. Le malheureux ouvrier n'avait pas les traits décomposés et semblait plongé dans un profond sommeil. On estime à 800 ou 900 volts la force électromotrice du courant qui l'avait foudroyé, courant qui était *continu*.

Le second exemple est celui de deux soldats, tués dans la nuit du 6 août 1882, dans le jardin des Tuileries, éclairé électriquement à l'occasion d'une fête donnée par l'*Union française de la Jeunesse*. Ces deux imprudents, dans le but de pénétrer dans l'enceinte sans passer par les guichets de délivrance des billets, voulurent escalader le saut de loup, interdit au public, mais où se trouvaient disposés à fil nu les conducteurs qui reliaient les génératrices aux lampes électriques. Le contact de ces fils fut cause de la mort des deux pauvres diables de curieux. Les courants alternatifs qui les traversaient avaient une tension de 500 volts, tension calculée d'après le nombre des lampes disposées en séries.

Un troisième accident, plus horrible que les précédents par les péripéties du drame, est arrivé tout récemment à New York. En voici le court récit que nous empruntons aux journaux, sans en garantir autrement l'exactitude : « Un ouvrier électricien, qui travaillait avant-hier à la réparation d'un fil électrique aérien, a été tué par le courant. Il est resté plus d'une heure suspendu en l'air sans qu'on ait pu l'atteindre. Une foule considérable assistait de la rue à l'horrible spectacle du corps qui se carbonisait lentement. On est très ému du grand nombre d'accidents causés par le contact des fils. »

En présence des faits de ce genre, qui ne pourront évidemment que se multiplier, le devoir des ingénieurs électriciens est tout tracé. C'est d'étudier les conditions efficaces de protection des personnes contre l'action des courants alternatifs ou continus dont la tension dépasse une certaine mesure. Cette étude a été faite en Angleterre par un comité nommé par la *Society of telegraph Engineers and electricians* de Londres. Ce comité a rédigé un rapport détaillé sur les règles à suivre pour les installations des appareils élecriques [1].

Les terribles effets destructeurs des courants dynamo-électriques ont suggéré une application origi-

---

1. On trouvera un résumé de ce rapport dans le journal *la Nature*, t. II, p. 122 de l'année 1882. Nous y renvoyons le lecteur.

nale, quelque peu lugubre, bien qu'inspirée évidemment par un sentiment philanthropique. *La peine de mort par l'électricité*, telle est la formule de cette application nouvelle qui doit, à l'heure qu'il est, être réalisée dans l'État de New York. Par suite d'un vote de la législature de cet État, en effet, au supplice de la pendaison a dû être substitué, à partir du 1er janvier 1889, la mort par l'électricité. Six semaines seulement avant la date fixée par la loi nouvelle, une société scientifique, la *Société médico-légale*, s'est occupée des moyens à adopter pour rendre aussi sûre et aussi prompte que possible la mort des condamnés. Voici à quels résultats aurait abouti cette étude, qui aurait dû, ce semble, en bonne logique, en droite raison, précéder le vote de la loi. « La tension du courant électrique nécessaire pour rendre la mort immédiate, sûre et par conséquent sans réveil possible, a été estimée à 3 000 volts, en admettant pour l'intensité du courant une valeur notable. L'énergie électrique sera fournie par une dynamo. Le condamné sera solidement attaché sur un fauteuil auquel aboutiront les deux pôles. L'un de ceux-ci sera fixé à un casque de cuivre qu'on lui placera sur la tête et l'autre à une plaque de même métal adhérente au fauteuil, de manière à le toucher entre les deux épaules. Le circuit sera fermé à l'aide d'un commutateur fixé au mur, et que le bourreau fera mouvoir aussitôt qu'on lui donnera le signal. »

La substitution de la fulguration aux autres supplices usités chez les nations où la peine de mort existe, est-elle un progrès? Le but que se proposent les auteurs des projets ayant pour objet cette substitution est surtout d'abréger la durée de la souffrance éprouvée par le supplicié. A ce point de vue, la supériorité des courants dynamo-électriques sur la strangulation par la corde ne paraît pas douteuse, mais elle n'existe pas sur la décollation par la guillotine, selon l'avis des physiologistes qui ont assisté à des exécutions capitales. Citons l'opinion du Dr P. Regnard : « Voici, dit-il, ce que l'on voit : à peine la hache a-t-elle sectionné le cou, que le corps est précipité dans le panier et la tête dans le seau. Ni l'un ni l'autre ne font plus le moindre mouvement. Les yeux sont ouverts et fixes, les traits reposés ; il n'y a pas le plus petit tressaillement. Et remarquez que les têtes ont été mises sous nos yeux deux secondes après la décollation. La respiration est complètement arrêtée.

« Il n'en est pas de même du cœur, qui continue encore à battre plusieurs minutes. Mais tous les physiologistes savent que les battements de cœur durent après la mort, grâce aux ganglions nerveux que contient cet organe. »

Le savant physiologiste fait en outre les objections suivantes à la peine de mort par l'électricité, si elle était adoptée en France : « Pour développer la tension électrique nécessaire pour tuer un homme, il faudra des machines immenses. Un jour d'exécution capitale, on devra chauffer pendant deux heures une locomobile puissante sur la place publique, mettre en mouvement des machines dont l'installation demandera des journées : il ne faudra pas penser à une installation fixe, l'ingénieur-bourreau devant se déplacer dans toute la France. Les jours où il pleuvra, les conducteurs perdront et on manquera la décharge. Enfin, dans les expériences d'essai faites en Amérique, il a été constaté qu'il faudra au moins 40 secondes de passage du courant, pendant lesquelles le condamné hurlera et se débattra, pour obtenir une mort qui ne sera jamais certaine, le sujet pouvant fort bien revenir à lui. »

TABLE DES FIGURES

TABLE DES MATIÈRES

TROISIÈME PARTIE
L'électro-magnétisme.

Coulommiers. — Imp. P. BRODARD et GALLOIS.

CONDITIONS DE VENTE ET D'ABONNEMENT

LE JOURNAL DE LA JEUNESSE paraît le samedi de chaque semaine. Le prix du numéro, comprenant 16 pages grand in-8°, est de 40 centimes.

Les 52 numéros publiés dans une année forment deux volumes.

Prix de chaque volume, broché, 10 francs; cartonné en percaline rouge, tranches dorées, 12 francs.

Pour les abonnés, le prix de chaque volume du *Journal de la Jeunesse* est réduit à 8 francs broché.

PRIX DE L'ABONNEMENT
POUR PARIS ET LES DÉPARTEMENTS

Un an (2 volumes)............... **20 FRANCS**
Six mois (1 volume)............. **10 —**

Prix de l'abonnement pour les pays étrangers qui font partie de l'Union générale des postes : Un an, 22 fr.; six mois, 12 fr.

Les abonnements se prennent à partir du 1ᵉʳ décembre et du 1ᵉʳ juin de chaque année.

MON JOURNAL

SIXIÈME ANNÉE

NOUVEAU RECUEIL MENSUEL ILLUSTRÉ

POUR LES ENFANTS DE 5 A 10 ANS

PUBLIÉ SOUS LA DIRECTION DE

Mᵐᵉ Pauline KERGOMARD et de M. Charles DEFODON

CONDITIONS DE VENTE ET D'ABONNEMENT :

Il paraît un numéro le 15 de chaque mois depuis le 15 octobre 1881.

Prix de l'abonnement : Un an 1 fr. 80; prix du numéro, 15 centimes.

Les huit premières années de ce nouveau recueil forment sept beaux volumes grand in-8°, illustrés de nombreuses gravures. La première année est épuisée; la neuvième est en cours de publication.

Prix de l'année, brochée, 2 fr. ; cartonnée en percaline avec fers spéciaux à froid, 2 fr. 50.

Prix de l'emboîtage en percaline, pour les abonnés ou les acheteurs au numéro, 50 centimes.

NOUVELLE COLLECTION ILLUSTRÉE
POUR LA JEUNESSE ET L'ENFANCE
1re SÉRIE, FORMAT IN-8° JÉSUS

Prix du volume : broché, 7 fr.; cartonné, tranches dorées, 10 fr.

About (Ed.) : *Le roman d'un brave homme.* 1 vol. illustré de 52 compositions par Adrien Marie.

— *L'homme à l'oreille cassée.* 1 vol. illustré de 51 compositions par Eug. Courboin.

Cahun (L.) : *Les aventures du capitaine Magon.* 1 vol. illustré de 78 gravures d'après Philippoteaux.

— *La bannière bleue.* 1 vol. illustré de 78 gravures d'après Liz.

Deslys (Charles) : *L'héritage de Charlemagne.* 1 vol. illustré de 127 gravures d'après Zier.

Dillaye (Fr.) : *Les jeux de la jeunesse, leur origine, leur histoire, avec l'indication des règles qui les régissent.* 1 vol. illustré de 203 grav.

Du Camp (Maxime) : *La vertu en France.* 1 vol. illustré de gravures d'après Dunn, Myrbach, Topani et H. Zier.

Fleuriot (Mlle Z.) : *Cœur muet.* 1 vol. ill. de grav. d'après Adrien Marie.

Krafft (H.) : *Souvenirs de notre tour du monde.* 1 vol. avec 24 phototypies et 5 cartes.

Manzoni : *Les fiancés.* Édition abrégée par Mme J. Colomb. 1 vol. illustré de 40 gravures.

Rousselet (Louis) : *Nos grandes écoles militaires et civiles.* 1 vol. illustré de gravures d'après A. Le Maistre, Fr. Régamey et P. Renouard.

Witt (Mme de), née Guizot : *Les femmes dans l'histoire.* 1 vol. avec 80 gravures.

2e SÉRIE, FORMAT IN-8° RAISIN

Prix du volume : broché, 4 fr.; cartonné, tranches dorées, 6 fr.

Anonyme (l'auteur de la Neuvaine de Colette) : *Tout droit.* 1 vol. illustré de 112 grav. d'après H. Zier.

Assollant (A.) : *Montluc le Rouge.* 2 vol. avec 107 grav. d'après Sahib.

— *Pendragon.* 1 vol. avec 42 gravures d'après C. Gilbert.

Blandy (Mme S.) : *Rosélon.* 1 vol. illustré de 112 gravures d'après E. Zier.

Cahun (L.) : *Les pilotes d'Ango.* 1 vol. avec 45 gravures d'après Sahib.

— *Les mercenaires.* 1 vol. avec 54 gravures d'après P. Fritel.

Chéron de la Bruyère (Mme) : *La tante Derbier.* 1 vol. illustré de 50 gravures d'après Myrbach.

Colomb (Mme) : *Le violoneux de la sapinière.* 1 vol. avec 85 gravures d'après A. Marie.

— *La fille de Carilès.* 1 vol. avec 98 grav. d'après A. Marie.

Ouvrage couronné par l'Académie française.

— *Deux mères.* 1 vol. avec 132 gravures d'après A. Marie.

— *Le bonheur de Françoise.* 1 vol. avec 112 grav. d'après A. Marie.

— *Chloris et Jeanneton.* 1 vol. avec 105 gravures d'après Sahib.

— *L'héritière de Vauclain.* 1 vol. avec 104 grav. d'après C. Delort.

— *Franchise.* 1 vol. avec 112 gravures d'après C. Delort.

Colomb (Mⁿᵉ) (suite) : *Feu de paille*. 1 vol. avec 98 gravures d'après Tofani.

— *Les étapes de Madelaine*. 1 vol. avec 105 grav. d'après Tofani.

— *Denis le tyran*. 1 vol. avec 113 gravures d'après Tofani.

— *Pour la muse*. 1 vol. avec 105 gravures d'après Tofani.

— *Pour la patrie*. 1 vol. avec 119 gravures d'après E. Zier.

— *Hervé Plémeur*. 1 vol. avec 119 gravures d'après H. Zier.

— *Jean l'innocent*. 1 vol. illustré de 111 gravures d'après Zier.

— *Danielle*. 1 vol. illustré de 119 gravures d'après Tofani.

— *Les révoltes de Sylvie*. 1 vol. avec 113 gravures d'après Tofani.

— *Mon oncle d'Amérique*. 1 vol. illustré de 112 grav. d'après TOFANI.

Cortambert (E.) : *Voyage pittoresque à travers le monde*. 1 vol. avec 81 gravures.

Cortambert et Dealys : *Le pays du soleil*. 1 vol. avec 35 gravures.

Daudet (E.) : *Robert Darnetal*. 1 vol. avec 81 grav. d'après Sahib.

Demoulin (Mⁿᵉ G.) : *Les animaux étranges*. 1 vol. avec 174 gravures.

Dealys (Ch.) : *Courage et dévouement. Histoire de trois jeunes filles*. 1 vol. avec 31 gravures d'après Liz et Gilbert.

— *L'Ami François*. 1 vol. avec 35 gr.

— *Nos Alpes*, avec 39 gravures d'après J. David.

— *La mère aux chats*. 1 vol. avec 50 gravures d'après H. David.

Dillaye (Fr.) : *La filleule de saint Louis*. 1 vol. avec 39 grav. d'après E. Zier.

Énault (L.) : *Le chien du capitaine*. 1 vol. avec 43 gravures d'après E. Riou.

Erwin (Mⁿᵉ E. d') : *Heur et malheur*. 1 vol. avec 50 gravures d'après H. Castelli.

Fath (G.) : *Le Paris des enfants*. 1 vol. avec 60 gravures d'après l'auteur.

Fleuriot (Mⁿᵉ Z.) : *M. Nostradamus*. 1 vol. avec 98 gravures d'après A. Marie.

— *La petite duchesse*. 1 vol. avec 73 gravures d'après A. Marie.

— *Grandcœur*. 1 vol. avec 45 gravures d'après G. Dolort.

— *Raoul Daubry, chef de famille*. 1 vol. avec 31 gravures d'après G. Dolort.

— *Mandarine*. 1 vol. avec 85 gravures d'après G. Dolort.

— *Cadok*. 1 vol. avec 24 gravures d'après G. Gilbert.

— *Câline*. 1 vol. avec 103 grav. d'après G. Fraipont.

— *Feu et flamme*. 1 vol. avec 80 gravures d'après Tofani.

— *Le clan des têtes chaudes*. 1 vol. illustré de 65 gravures d'après Myrbach.

— *Au Galadoc*. 1 vol. illustré de 60 gravures d'après Zier.

— *Les premières pages*. 1 vol. avec 73 gravures d'après Adrien Marie.

Girardin (J.) : *Les braves gens*. 1 vol. avec 115 gravures d'après E. Bayard.

Ouvrage couronné par l'Académie française.

— *Nous autres*. 1 vol. avec 132 gravures d'après E. Bayard.

— *Fausse route*. 1 vol. avec 55 grav. d'après H. Castelli.

— *La toute petite*. 1 vol. avec 128 gravures d'après E. Bayard.

— *L'oncle Placide*. 1 vol. avec 139 gravures d'après A. Marie.

— *Le neveu de l'oncle Placide*. 3 vol. illustrés de 377 gravures d'après A. Marie, qui se vendent séparément.

Girardin (J.) (suite) : *Grand-père*
1 vol. avec 91 gravures d'après
G. Dolort.

Ouvrage couronné par l'Académie française.

— *Maman.* 1 vol. avec 119 gravures
d'après Tofani.

— *Le roman d'un canard.* 1 vol. avec
119 gravures d'après Tofani.

— *Les millions de la tante Zélé.*
1 vol. avec 119 grav. d'après Tofani.

— *La famille Gaudry.* 1 vol. avec
119 gravures d'après Tofani.

— *Histoire d'un Berrichon.* 1 vol.
avec 119 gravures d'après Tofani.

— *Le capitaine Bassinoire.* 1 vol.
illustré de 119 gravures d'après
Tofani.

— *Second violon.* 1 vol. illustré de
119 gravures d'après Tofani.

— *Le fils Valansé.* 1 vol. avec 119
gravures d'après Tofani.

— *Le commis de M. Houval.* 1 vol.
illustré de 119 gr. d'après TOFANI.

Giron (Aimé) : *Les trois rois mages.*
1 vol. illustré de 60 gravures d'après
Fraipont et Pranishnikoff.

Gouraud (Mme J.) : *Cousine Marie.*
1 vol. avec 85 gravures d'après
A. Marie.

Nanteuil (Mme P. de) : *Capitaine.*
1 vol. illustré de 72 gravures
d'après Myrbach.

Ouvrage couronné par l'Académie française.

— *Le général Du Maine.* 1 vol. avec
70 gravures d'après Myrbach.

— *L'épave mystérieuse.* 1 volume
illustré de 80 gr. d'après MYRBACH.

Rousselet (L.) : *Le charmeur de serpents.* 1 vol. avec 68 gravures d'après A. Marie.

— *Le fils du connétable.* 1 vol.
avec 113 gravures d'après Pranishnikoff.

— *Les deux mousses.* 1 vol. avec
90 gravures d'après Sahib.

Rousselet (L.) (suite) : *Le tambour
du Royal-Auvergne.* 1 vol. avec 115
gravures d'après Poirson.

— *La peau du tigre.* 1 vol. avec
102 gravures d'après Bellecroix et
Tofani.

Saintine : *La nature et ses trois
règnes, ou la mère Gigogne et ses
trois filles.* 1 vol. avec 111 gravures
d'après Foulquier et Faguet.

— *La mythologie du Rhin et les
contes de la mère-grand.* 1 vol.
avec 100 gravures d'après G. Doré.

Tissot et Améro : *Aventures de
trois fugitifs en Sibérie.* 1 vol.
avec 78 gravures d'après Pranishnikoff.

Tom Brown, scènes de la vie de
collège en Angleterre. Imité de
l'anglais par J. Girardin. 1 vol.
avec 69 grav. d'après G. Durand.

Witt (Mme de), née Guizot : *Scènes
historiques.* 1re série. 1 vol. avec
18 gravures d'après E. Bayard.

— *Scènes historiques.* 2e série. 1 vol.
avec 28 gravures d'après A. Marie.

— *Lutin et démon.* 1 vol. avec 38
gravures d'après Pranishnikoff et
E. Zier.

— *Normands et Normandes.* 1 vol.
avec 70 gravures d'après E. Zier.

— *Un jardin suspendu.* 1 vol. avec
30 gravures d'après C. Gilbert.

— *Notre-Dame Guesclin.* 1 vol. avec
70 gravures d'après E. Zier.

— *Une sœur.* 1 vol. avec 65 gravures
d'après E. Bayard.

— *Légendes et récits pour la jeunesse.* 1 vol. avec 18 gravures d'après Philippoteaux.

— *Un nid.* 1 vol. avec 63 gravures
d'après Ferdinandus.

— *Un patriote au quatorzième siècle.*
1 vol. illustré de gravures d'après
E. Zier.

BIBLIOTHÈQUE DES PETITS ENFANTS
DE 4 A 8 ANS
FORMAT GRAND IN-16
CHAQUE VOLUME, BROCHÉ, 2 FR. 25
CARTONNÉ EN PERCALINE BLEUE, TRANCHES DORÉES, 3 FR. 50
Ces volumes sont imprimés en gros caractères.

Charon de la Bruyère (Mme): Ca-
lus à Pipée. 1 vol. avec 24 gravures d'après Grivaz.
— Plaisirs et aventures. 1 vol. avec
30 gravures d'après Jeanniot.
— La perruque du grand-père. 1 vol.
illustré de 30 gr. d'après Tofani.
— Les enfants de Boisfleuri. 1 vol.
illustré de 30 gravures d'après
Semechini.
— Les vacances à Trouville. 1 vol.
avec 40 gravures d'après Tofani.
— Le château du Roc-Salé. 1 vol.
illustré de 30 gr. d'après TOFANI.
Colomb (Mme) : Les infortunes de
Chouchou. 1 vol avec 48 gravures
d'après Riou.
Desgranges (Guillemette) : Le
chemin du collège 1 vol. illustré
de 30 gravures d'après Tofani.
— La famille Le Jarriel. 1 vol.
illustré de 39 gr. d'après GEOFFROY.
Duporteau (Mme) : Petits récits.
1 vol. avec 28 gr. d'après Tofani.
Erwin (Mme E. d') : Un été à la
campagne. 1 vol. avec 39 gravures
d'après Suhib.
Favre : L'épreuve de Georges. 1 vol.
avec 44 gravures d'après Geoffroy.
Franck (Mme E.) : Causeries d'une
grand'mère. 1 vol. avec 72 gravures
d'après C. Delort.
Presneau (Mme), née de Ségur: Une
année du petit Joseph. Imité de
l'anglais. 1 vol. avec 67 gravures
d'après Jeanniot.
Girardin (J.) : Quand j'étais petit
garçon 1 vol. avec 52 gravures
d'après Ferdinandus.
— Dans notre classe. 1 vol. avec
26 gravures d'après Jeanniot.
Le Roy (Mme F.) : L'aventure de
Petit Paul. 1 vol. illustré de 45 gravures, d'après Ferdinandus.

Le Roy (Mme F.) : Pipo. 1 vol.
illust.é de 30 grav. d'après MERCINA
Kaaaz.
Molesworth (Mme) : Les aventures
de M. Rigby, traduit de l'anglais
par Mme de Witt. 1 vol. avec 12
gravures d'après W. Crane.
Papa-Carpantier (Mme) : Nouvelles histoires et leçons de choses.
1 vol. avec 12 gravures d'après
Semechini.
Surville (André) : Les grandes vacances. 1 vol. avec 30 gravures
d'après Semechini.
— Les amis de Berthe. 1 vol. avec
30 gravures d'après Ferdinandus.
— La petite Givonnette. 1 vol. illustré de 34 gravures d'après Grigny.
— Fleur des champs. 1 vol. illustré
de 32 gravures d'après Zier.
— La vieille maison du grand père.
1 vol. avec 34 gravures d'après Zier.
Witt (Mme de), née Guizot : Histoire de deux petits frères. 1 vol.
avec 45 grav. d'après Tofani.
— Sur la plage. 1 vol. avec 55 gravures, d'après Ferdinandus.
— Par monts et par vaux. 1 vol.
avec 54 grav. d'après Ferdinandus.
— Vieux amis. 1 vol. avec 60 gravures d'après Ferdinandus.
— En pleins champs. 1 vol. avec
45 gravures d'après Gilbert.
— Petite. 1 vol. avec 56 gravures
d'après Tofani.
— A la montagne. 1 vol. illustré de
5 gravures d'après Ferdinandus.
— Deux tout petits 1 vol. illustré de
32 gravures d'après Ferdinandus.
— Au-dessus du lac. 1 vol. avec 44
gravures.
— Les enfants de la tour du Roc.
1 vol. illustré de 56 gravures
d'après E. Zier.

BIBLIOTHÈQUE ROSE ILLUSTRÉE

FORMAT IN-16

CHAQUE VOLUME, BROCHÉ, 2 FR. 25

CARTONNÉ EN PERCALINE ROUGE, TRANCHES DORÉES, 3 FR. 50

Iʳᵉ SÉRIE, POUR LES ENFANTS DE 4 A 8 ANS

Anonyme : *Chien et chat*, traduit de l'anglais. 1 vol. avec 45 gravures d'après E. Bayard.

— *Douze histoires pour les enfants de quatre à huit ans*, par une mère de famille. 1 vol. avec 8 gravures d'après Bertall.

— *Les enfants d'aujourd'hui*, par le même auteur. 1 vol. avec 40 gravures d'après Bertall.

Carraud (Mᵐᵉ) : *Historiettes véritables*, pour les enfants de quatre à huit ans. 1 vol. avec 84 gravures d'après G. Fath.

Fath (G.) : *La sagesse des enfants*, proverbes. 1 vol. avec 100 gravures d'après l'auteur.

Laroque (Mᵐᵉ) : *Grands et petits.* 1 vol. avec 61 gravures d'après Bertall.

Marcel (Mᵐᵉ J.) : *Histoire d'un cheval de bois.* 1 vol. avec 20 gravures d'après E. Bayard.

Pape-Carpantier (Mᵐᵉ) : *Histoire et leçons de choses pour les enfants.* 1 vol. avec 65 gravures d'après Bertall.

Ouvrage couronné par l'Académie française.

Perrault, MMᵐᵉˢ d'Aulnoy et Leprince de Beaumont : *Contes de fées.* 1 vol. avec 63 gravures d'après Bertall et Forest.

Porchat (J.) : *Contes merveilleux.* 1 vol. avec 21 gravures d'après Bertall.

Schmid (le chanoine) : *190 contes pour les enfants*, traduit de l'allemand par André Van Hasselt. 1 vol. avec 29 gravures d'après Bertall.

Ségur (Mᵐᵉ la comtesse de) : *Nouveaux contes de fées.* 1 vol. avec 46 gravures d'après Gustave Doré et H. Didier.

IIᵉ SÉRIE, POUR LES ENFANTS DE 8 A 14 ANS

Achard (A.) : *Histoire de mes amis.* 1 vol. avec 25 gravures d'après Bellecroix.

Alcott (Miss) : *Sous les lilas*, traduit de l'anglais par Mᵐᵉ S. Lepage. 1 vol. avec 23 gravures.

Andersen : *Contes choisis*, traduit du danois par Soldi. 1 vol. avec 40 gravures d'après Bertall.

Anonyme : *Les fêtes d'enfants*, scènes et dialogues. 1 vol. avec 44 gravures d'après Foulquier.

Assollant (A.). *Les aventures merveilleuses mais authentiques du capitaine Corcoran.* 2 vol avec 50 gravures, d'après A. de Neuville.

Barrau (Th.) : *Amour filial.* 1 vol. avec 41 gravures d'après Ferogio.

Bawr (Mᵐᵉ de) : *Nouveaux contes.* 1 vol. avec 40 grav. d'après Bertall. Ouvrage couronné par l'Académie française.

Belèze : *Jeux des adolescents.* 1 vol. avec 140 gravures.

Berquin : *Choix de petits drames et de contes.* 1 vol. avec 36 gravures d'après Foulquier, etc.

Berthet (E.) : *L'enfant des bois.* 1 vol. avec 61 gravures.

— *La petite Chailloux.* 1 vol. illustré de 41 gravures d'après É. Bayard et G. Fraipont.

Blanchère (De la) : *Les aventures de la Ramée.* 1 vol. avec 36 gravures d'après E. Forest.

— *Oncle Tobie le pêcheur.* 1 vol. avec 80 gr. d'après Foulquier et Mesnel.

Boiteau (P.): *Légendes recueillies ou composées pour les enfants.* 1 vol. avec 42 gravures d'après Bertall.

Carpentier (Mᵐᵉ E.) : *La maison du bon Dieu.* 1 vol. avec 59 gravures d'après Riou.

— *Sauvons-le !* 1 vol. avec 60 gravures d'après Riou.

— *Le secret du docteur, ou la maison fermée.* 1 vol. avec 43 gravures d'après P. Girardet.

— *La tour du preux.* 1 vol. avec 59 gravures d'après Tofani.

— *Pierre le Tors.* 1 vol. avec 64 gravures d'après Zier.

— *La dame bleue.* 1 vol. illustré de 49 gravures d'après E. Zier.

Carraud (Mᵐᵉ Z.): *La petite Jeanne, ou le devoir.* 1 vol. avec 21 gravures d'après Forest. Ouvrage couronné par l'Académie française.

Carraud (Mᵐᵉ Z.) (suite) : *Les goûters de la grand'mère.* 1 vol. avec 18 gravures d'après E. Bayard.

— *Les métamorphoses d'une goutte d'eau.* 1 vol. avec 50 gravures d'après E. Bayard.

Castillon (A.) : *Les récréations physiques.* 1 vol. avec 36 gravures d'après Castelli.

— *Les récréations chimiques,* faisant suite au précédent. 1 vol. avec 34 gravures d'après H. Castelli.

Canin (Mᵐᵉ J.) : *Les petits montagnards.* 1 vol. avec 51 gravures d'après G. Vuillier.

— *Un drame dans la montagne.* 1 vol. avec 38 grav. d'après G. Vuillier.

— *Histoire d'un pauvre petit.* 1 vol. avec 40 gravures d'après Tofani.

— *L'enfant des Alpes.* 1 vol. avec 39 gravures d'après Tofani.

— *Perlette.* 1 vol. illustré de 54 gravures d'après Myrbach.

— *Les saltimbanques.* 1 vol. avec 60 gravures d'après Girardet.

— *Le petit chevrier.* 1 vol. illustré de 39 gravures d'après Vuillier.

Chabreul (Mᵐᵉ de) : *Jeux et exercices des jeunes filles.* 1 vol. avec 62 gravures d'après Fath, et la musique des rondes.

Colet (Mᵐᵉ L.) : *Enfances célèbres.* 1 vol. avec 57 grav. d'après Foulquier.

Colomb (Mᵐᵉ J.) : *Souffre-douleur.* 1 vol. illustré de 49 gravures d'après Mˡˡᵉ Marcelle Lancelot.

Contes anglais, traduits par Mᵐᵉ de Witt. 1 vol. avec 43 gravures d'après Morin.

Dealys (Ch.) : *Grand'maman.* 1 vol. avec 29 gravures d'après E. Zier.

Edgeworth (Miss) : *Contes de l'adolescence,* traduit par A. Le François. 1 vol. avec 42 gravures d'après Morin.

Edgeworth (Miss) (suite) : *Contes de l'enfance*, traduit par le même, 1 vol. avec 23 gravures d'après Foulquier.

— *Demain*, suivi de *Mourad le malheureux*, contes traduits par H. Jousselin. 1 vol. avec 55 grav. d'après Bertall.

Fath (G.) : *Bernard, la gloire de son village*. 1 vol. avec 56 gravures d'après Mme G. Fath.

Fénelon : *Fables*. 1 vol. avec 79 grav. d'après Forest et É. Bayard.

Fleuriot (Mlle) : *Le petit chef de famille*. 1 vol. avec 57 gravures d'après H. Castelli.

— *Plus tard, ou le jeune chef de famille*. 1 vol. avec 60 gravures d'après É. Bayard.

— *L'enfant gâté*. 1 vol. avec 48 gravures d'après Ferdinandus.

— *Tranquille et Tourbillon*. 1 vol. avec 45 grav. d'après G. Delort.

— *Cadette*. 1 vol. avec 52 gravures d'après Tofani.

— *En congé*. 1 vol. avec 61 gravures d'après Ad. Marie.

— *Bigarette*. 1 vol. avec 48 gravures d'après Ad. Marie.

— *Bouche-en-Cœur*. 1 vol. avec 45 gravures d'après Tofani.

— *Gildas l'intraitable*. 1 vol. avec 56 gravures d'après E. Zier.

— *Parisiens et Montagnards*. 1 vol. avec 49 gravures d'après E. Zier.

Foë (de) : *La vie et les aventures de Robinson Crusoé*, traduit de l'anglais. 1 vol. avec 40 gravures.

Fonvielle (W. de) : *Néridah*. 2 vol. avec 45 gravures d'après Sahib.

Fresneau (Mme), née de Ségur : *Comme les grands !* 1 vol. illustré de 46 gravures d'après Ed. Zier.

— *Thérèse à Saint-Domingue*. 1 vol. avec 49 gravures d'après Tofani.

— *Les protégés d'Isabelle*. 1 vol. illustré de 42 gravures d'après Tofani.

Genlis (Mme de) : *Contes moraux*. 1 v. avec 40 grav. d'après Foulquier, etc.

Gérard (A.) : *Petite Rose — Grande Jeanne*. 1 vol. avec 38 gravures d'après Gilbert.

Girardin (J.) : *La disparition du grand Kraus*. 1 vol. avec 70 gravures d'après Kauffmann.

Giron (A.) : *Ces pauvres petits*. 1 vol. avec 22 grav. d'après B. Nouvel.

Gouraud (Mlle J.) : *Les enfants de la ferme*. 1 vol. avec 59 grav. d'après É. Bayard.

— *Le livre de maman*. 1 vol. avec 68 grav. d'après É. Bayard.

— *Cécile, ou la petite sœur*. 1 vol. avec 26 grav. d'après Desandré.

— *Lettres de deux poupées*. 1 vol. avec 59 gravures d'après Olivier.

— *Le petit colporteur*. 1 vol. avec 27 grav. d'après A. de Neuville.

— *Les mémoires d'un petit garçon*. 1 vol. avec 88 gravures d'après É. Bayard.

— *Les mémoires d'un caniche*. 1 vol. avec 75 gravures d'après É. Bayard.

— *L'enfant du guide*. 1 vol. avec 60 gravures d'après É. Bayard.

— *Petite et grande*. 1 vol. avec 48 gravures d'après É. Bayard.

— *Les quatre pièces d'or*. 1 vol. avec 54 gravures d'après É. Bayard.

— *Les deux enfants de Saint-Domingue*. 1 vol. avec 54 gravures d'après É. Bayard.

— *La petite maîtresse de maison*. 1 vol. avec 37 grav. d'après Marie.

— *Les filles du professeur*. 1 vol. avec 36 grav. d'après Kauffmann.

— *La famille Harel*. 1 vol. avec 44 gravures d'après Valnay.

— *Aller et retour*. 1 vol. avec 40 gravures d'après Ferdinandus.

— *Les petits voisins*. 1 vol. avec 39 gravures d'après C. Gilbert.

Gouraud (Mlle J.) (suite) : *Chez grand'mère*. 1 vol. avec 68 grav. d'après Tofani.
— *Le petit bonhomme*. 1 vol. avec 45 grav. d'après A. Ferdinandus.
— *Le vieux château*. 1 vol. avec 28 gravures d'après E. Zier.
— *Pierrot*. 1 vol. avec 31 gravures d'après E. Zier.
— *Ninette*. 1 vol. illustré de 52 gravures d'après TOFANI.
— *Quand je serai grande !* 1 vol. avec 60 gravures d'après Ferdinandus.

Grimm (les frères) : *Contes choisis*, traduit par Ferd. Baudry. 1 vol. avec 40 gravures d'après Bertall.

Hauff : *La caravane*, traduit par A. Talon. 1 vol. avec 40 gravures d'après Bertall.
— *L'auberge du Spessart*, traduit par A. Talon. 1 vol. avec 64 gravures d'après Bertall.

Hawthorne : *Le livre des merveilles*, traduit de l'anglais par L. Rabillon. 2 vol. avec 40 gravures d'après Bertall.

Hébel et Karl Simrock : *Contes allemands*, traduit par M. Martin. 1 vol. avec 97 grav. d'après Bertall.

Johnson (R. B.) : *Dans l'extrême Far West*, traduit de l'anglais par A. Talandier. 1 vol. avec 20 gravures d'après A. Marie.

Marcel (Mme J.) : *L'école buissonnière*. 1 vol. avec 20 gravures d'après A. Marie.
— *Le bon frère*. 1 vol. avec 21 gravures d'après E. Bayard.
— *Les petits vagabonds*. 1 vol. avec 25 gravures d'après E. Bayard.
— *Histoire d'une grand'mère et de son petit-fils*. 1 vol. avec 36 gravures d'après C. Delort.
— *Daniel*. 1 vol. avec 45 gravures d'après Gilbert.

Marcel (Mme J.) (suite) : *Le frère et la sœur*. 1 vol. avec 43 gravures d'après E. Zier.
— *Un bon gros pataud*. 1 vol. avec 45 gravures d'après Jeanniot.
— *L'oncle Philibert*. 1 vol. illustré de 50 grav. d'après Fr. Régamey.

Maréchal (Mlle M.) : *La dette de Ben-Aïssa*. 1 vol. avec 20 gravures d'après Bertall.
— *Nos petits camarades*. 1 vol. avec 18 gravures d'après E. Bayard et H. Castelli, etc.
— *La maison modèle*. 1 vol. avec 42 gravures d'après Sahib.

Marmier (X.) : *L'arbre de Noël*. 1 vol. avec 68 grav. d'après Bertall.

Martignat (Mme de) : *Les vacances d'Élisabeth*. 1 vol avec 36 gravures d'après Kauffmann.
— *L'oncle Boni*. 1 vol. avec 42 gravures d'après Gilbert.
— *Ginette*. 1 vol. avec 50 gravures d'après Tofani.
— *Le manoir d'Yolan*. 1 vol. avec 56 gravures d'après Tofani.
— *Le pupille du général*. 1 vol. avec 40 gravures d'après Tofani.
— *L'héritière de Maurivèze*. 1 vol. avec 39 grav. d'après Poirson.
— *Une vaillante enfant*. 1 vol. avec 43 gravures par Tofani.
— *Une petite-nièce d'Amérique*. 1 vol. avec 43 gravures d'après Tofani.
— *La petite fille du vieux Thémi*. 1 vol. illustré de 42 gravures d'après TOFANI.

Mayne-Reid (le capitaine) : *Les chasseurs de girafes*, traduit de l'anglais par H. Vattemare. 1 vol. avec 10 grav. d'après A. de Neuville.
— *A fond de cale*, traduit par Mme H. Loreau. 1 vol. avec 12 gravures.
— *A la mer !* traduit par Mme H. Loreau. 1 vol. avec 12 gravures.

Mayne-Reid (le capitaine) (suite) :
— *Bruin, ou les chasseurs d'ours*, traduit par A. Letellier. 1 vol. avec 9 grandes gravures.
— *Les chasseurs de plantes*, traduit par Mᵐᵉ H. Loreau. 1 vol. avec 29 gravures.
— *Les exilés dans la forêt*, traduit par Mᵐᵉ H. Loreau. 1 vol. avec 19 gravures.
— *L'habitation du désert*, traduit par A. Le François. 1 vol. avec 24 grav.
— *Les grimpeurs de rochers*, traduit par Mᵐᵉ H. Loreau. 1 vol. avec 20 gravures.
— *Les peuples étranges*, traduit par Mᵐᵉ H. Loreau. 1 vol. avec 24 grav.
— *Les vacances des jeunes Boërs*, traduit par Mᵐᵉ H. Loreau. 1 vol. avec 19 gravures.
— *Les veillées de chasse*, traduit par H.-B. Révoil. 1 vol. avec 43 gravures d'après Freeman.
— *La chasse au Léviathan*, traduit par J. Girardin. 1 vol. avec 51 gravures d'après A. Ferdinandus et Th. Weber.
— *Les naufragés de la Calypso*. 1 vol. traduit par Mᵐᵉ GUSTAVE DEMOULIN et illustré de 55 gravures d'après PRANISHNIKOFF.

Muller (E.) : *Robinsonnette*. 1 vol. avec 22 gravures d'après Lix.

Ouida : *Le petit comte*. 1 vol. avec 34 gravures d'après G. Vuillier, Tofani, etc.

Peyronny (Mᵐᵉ de), née d'Isle : *Deux cœurs dévoués*. 1 vol. avec 53 gravures d'après J. Devaux.

Pitray (Mᵐᵉ de) : *Les enfants des Tuileries*. 1 vol. avec 29 gravures d'après É. Bayard.
— *Les débuts du gros Philéas*. 1 vol. avec 57 grav. d'après H. Castelli.
— *Le château de la Pétaudière*. 1 vol. avec 73 grav. d'après A. Marie.

Pitray (Mᵐᵉ de) (suite) : *Le fils du maquignon*. 1 vol. avec 65 grav. d'après Tiou.
— *Petit monstre et poule mouillée*. 1 vol. avec 68 grav. par E. Girardet.
— *Robin des Bois*. 1 vol. illustré de 40 gravures d'après Sirouy

Rendu (V.) : *Mœurs pittoresques des insectes*. 1 vol. avec 49 grav.

Rostoptchine (Mᵐᵉ la comtesse) : *Belle, Sage et Bonne*. 1 vol. avec 39 gravures d'après Ferdinandus.

Sandras (Mᵐᵉ) : *Mémoires d'un lapin blanc*. 1 vol. avec 20 gravures d'après É. Bayard.

Sannois (Mᵐᵉ la comtesse de) : *Les soirées à la maison*. 1 vol. avec 42 gravures d'après É. Bayard.

Ségur (Mᵐᵉ la comtesse de) : *Après la pluie, le beau temps*. 1 vol. avec 128 grav. d'après É. Bayard.
— *Comédies et proverbes*. 1 vol. avec 60 gravures d'après É. Bayard.
— *Diloy le chemineau*. 1 vol. avec 90 gravures d'après H. Castelli.
— *François le bossu*. 1 vol. avec 114 gravures d'après É. Bayard.
— *Jean qui grogne et Jean qui rit*. 1 vol. avec 70 grav. d'après Castelli.
— *La fortune de Gaspard*. 1 vol. avec 53 gravures d'après Gerlier.
— *La sœur de Gribouille*. 1 vol. avec 72 grav. d'après H. Castelli.
— *Pauvre Blaise!* 1 vol. avec 65 gravures d'après H. Castelli.
— *Quel amour d'enfant!* 1 vol. avec 79 gravures d'après É. Bayard.
— *Un bon petit diable*. 1 vol. avec 100 gravures d'après H. Castelli.
— *Le mauvais génie*. 1 vol. avec 90 gravures d'après É. Bayard.
— *L'auberge de l'Ange-Gardien*. 1 vol. avec 75 grav. d'après Foulquier.
— *Le général Dourakine*. 1 vol. avec 100 gravures d'après É. Bayard.

Ségur (M⁰⁰ la comtesse de) (suite) : *Les bons enfants*. 1 vol. avec 70 gravures d'après Forogio.

— *Les deux nigauds*. 1 vol. avec 70 gravures d'après H. Castelli.

— *Les malheurs de Sophie*. 1 vol. avec 40 grav. d'après H. Castelli.

Les petites filles modèles. 1 vol. avec 31 gravures d'après Bertall.

— *Les vacances*. 1 vol. avec 30 gravures d'après Bertall.

— *Mémoires d'un âne*. 1 vol. avec 75 grav. d'après H. Castelli.

Stolz (M⁰⁰ de) : *La maison roulante*. 1 vol. avec 40 grav. sur bois d'après É. Bayard.

— *Le trésor de Nanette*. 1 vol. avec 24 gravures d'après É. Bayard.

— *Blanche et noir*. 1 vol. avec 54 gravures d'après É. Bayard.

— *Par-dessus la haie*. 1 vol. avec 56 gravures d'après A. Marie.

— *Les poches de mon oncle*. 1 vol. avec 40 gravures d'après Bertall.

— *Les vacances d'un grand-père*. 1 vol. avec 40 gravures d'après G. Delafosse.

— *Quatorze jours de bonheur*. 1 vol. avec 45 gravures d'après Bertall.

— *Le vieux de la forêt*. 1 vol. avec 32 gravures d'après Sahib.

— *Le secret de Laurent*. 1 vol. avec 32 gravures d'après Sahib.

— *Les deux reines*. 1 vol. avec 32 gravures d'après Delort.

— *Les mésaventures de Mlle Thérèse*. 1 vol. avec 29 grav. d'après Charles.

Stolz (M⁰⁰ de) (suite) : *Les frères de lait*. 1 vol. avec 42 gravures d'après H. Zier.

— *Macali*. 1 vol. avec 36 gravures d'après Tofani.

— *La maison blanche*. 1 vol. avec 35 gravures d'après Tofani.

— *Les deux André*. 1 vol. avec 45 gravures d'après Tofani.

— *Deux tantes*. 1 vol. avec 42 gravures d'après Tofani.

— *Violence et bonté*. 1 vol. avec 56 gravures par Tofani.

— *L'embarras du choix*. 1 v. illustré de 30 gravures d'après Tofani.

Swift : *Voyages de Gulliver*, traduit et abrégé à l'usage des enfants. 1 vol. avec 57 gravures d'après Delafosse.

Taulier : *Les deux petits Robinsons de la Grande-Chartreuse*. 1 vol. avec 69 gravures d'après É. Bayard et Hubert Clerget.

Tournier : *Les premiers chants*, poésies à l'usage de la jeunesse. 1 vol. avec 40 gravures d'après Gustave Roux.

Vimont (Ch.) : *Histoire d'un navire*. 1 vol. avec 40 gravures d'après Alex. Vimont.

Witt (M⁰⁰ de), née Guizot : *Enfants et parents*. 1 vol. avec 34 gravures d'après A. de Neuville.

— *La petite-fille aux grand'mères*. 1 vol. avec 36 grav. d'après Beau.

— *En quarantaine*. 1 vol. avec 48 gravures d'après Ferdinandus.

IIIᵉ SÉRIE, POUR LES ENFANTS ADOLESCENTS

ET POUVANT FORMER UNE BIBLIOTHÈQUE POUR LES JEUNES FILLES DE 14 A 18 ANS

VOYAGES

Agassiz (M. et M⁰⁰) : *Voyage au Brésil*, traduit et abrégé par J. Belin de Launay. 1 vol. avec 16 gravures et 1 carte.

Aunet (M⁰⁰ d') : *Voyage d'une femme au Spitzberg*. 1 vol. avec 34 gravures.

Baines : *Voyages dans le sud-ouest de l'Afrique*, traduit et abrégé par J. Belin de Launay. 1 vol. avec 22 gravures et 1 carte.

Baker : *Le lac Albert N'yanza.* Nouveau voyage aux sources du Nil, abrégé par Belin de Launay. 1 vol. avec 16 gravures et 1 carte.

Baldwin : *Du Natal au Zambèze* (1851-1855). Récits de chasses, abrégés par J. Belin de Launay. 1 vol avec 24 gravures et 1 carte.

Burton (le capitaine) **:** *Voyages à la Mecque, aux grands lacs d'Afrique et chez les Mormons*, abrégé par J. Belin de Launay. 1 vol. avec 12 gravures et 2 cartes.

Catlin : *La vie chez les Indiens*, traduit de l'anglais. 1 vol. avec 25 gravures.

Fonvielle (W. de) **:** *Le glaçon du Polaris*, aventures du capitaine Tyson. 1 vol. avec 10 gravures et 1 carte.

Hayes (D') **:** *La mer libre du pôle*, traduit par F. de Lanoye, et abrégé par J. Belin de Launay. 1 vol. avec 14 gravures et 1 carte.

Hervé et de Lanoye : *Voyages dans les glaces du pôle arctique.* 1 vol. avec 40 gravures.

Lanoye (F. de) **:** *Le Nil et ses sources.* 1 vol. avec 32 gravures et des cartes.

— *La Sibérie.* 1 vol. avec 43 gravures d'après Lebreton, etc.

— *Les grandes scènes de la nature.* 1 vol. avec 40 gravures.

— *La mer polaire, voyage de l'Érèbe et de la Terreur, et expédition à la recherche de Franklin.* 1 vol. avec 29 gravures et des cartes.

— *Ramsès le Grand, ou l'Égypte il y a trois mille trois cents ans.* 1 vol. avec 39 gravures d'après Lancelot, E. Bayard, etc.

Livingstone : *Explorations dans l'Afrique australe*, abrégé par J. Belin de Launay. 1 vol. avec 20 gravures et 1 carte.

Livingstone (suite) **:** *Dernier journal*, abrégé par J. Belin de Launay. 1 vol. avec 16 grav. et 1 carte.

Mage (E.) **:** *Voyage dans le Soudan occidental*, abrégé par J. Belin de Launay. 1 vol. avec 10 gravures et 1 carte.

Milton et Cheadle : *Voyage de l'Atlantique au Pacifique*, traduit et abrégé par J. Belin de Launay. 1 vol. avec 16 gravures et 2 cartes.

Mouhot (Ch.) **:** *Voyage dans le royaume de Siam, le Cambodge et le Laos.* 1 vol. avec 25 gravures et 1 carte.

Palgrave (W. G.) **:** *Une année dans l'Arabie centrale*, traduit et abrégé par J. Belin de Launay. 1 vol. avec 12 gravures, 1 portrait et 1 carte.

Pfeiffer (Mme) **:** *Voyages autour du monde*, abrégé par J. Belin de Launay. 1 vol. avec 16 gravures et 1 carte.

Piotrowski : *Souvenirs d'un Sibérien.* 1 vol. avec 10 gravures d'après A. Marie.

Schweinfurth (D') **:** *Au cœur de l'Afrique* (1868-1871). Traduit par Mme H. Loreau, et abrégé par J. Belin de Launay. 1 vol. avec 16 gravures et 1 carte.

Speke : *Les sources du Nil*, édition abrégée par J. Belin de Launay. 1 vol. avec 24 gravures et 3 cartes.

Stanley : *Comment j'ai retrouvé Livingstone*, traduit par Mme Loreau, et abrégé par J. Belin de Launay. 1 vol. avec 16 gravures et 1 carte.

Vambéry : *Voyages d'un faux derviche dans l'Asie centrale*, traduit par E. D. Forgues, et abrégé par J. Belin de Launay. 1 vol. avec 18 gravures et une carte.

HISTOIRE

Le loyal serviteur : *Histoire du gentil seigneur de Bayard*, revue et abrégée, à l'usage de la jeunesse, par Alph. Feillet. 1 vol. avec 36 gravures d'après P. Sellier.

Monnier (M.) : *Pompéi et les Pompéiens.* Édition à l'usage de la jeunesse. 1 vol. avec 55 gravures d'après Thérond.

Plutarque : *Vie des Grecs illustres*, édition abrégée par A. Feillet. 1 vol. avec 52 gravures d'après P. Sellier.

— *Vie des Romains illustres*, édition abrégée par A. Feillet. 1 vol. avec 69 gravures d'après P. Sellier.

Retz (Le cardinal de) : *Mémoires* abrégés par A. Feillet. 1 vol. avec 35 gravures d'après Gilbert, etc.

LITTÉRATURE

Bernardin de Saint-Pierre : *Œuvres choisies.* 1 vol. avec 12 gravures d'après E. Bayard.

Cervantès : *Don Quichotte de la Manche.* 1 vol. avec 64 gravures d'après Bertall et Forest.

Homère : *L'Iliade et l'Odyssée*, traduites par P. Giguet et abrégées par Alph. Feillet. 1 vol. avec 33 gravures d'après Olivier.

Le Sage : *Aventures de Gil Blas*, édition destinée à l'adolescence. 1 vol. avec 50 gravures d'après Leroux.

Mac-Intoch (Miss) : *Contes américains*, traduit par Mme Dionis. 2 vol. avec 50 gravures d'après E. Bayard.

Maistre (X. de) : *Œuvres choisies.* 1 vol. avec 15 gravures d'après E. Bayard.

Molière : *Œuvres choisies*, abrégées, à l'usage de la jeunesse. 2 vol. avec 22 gravures d'après Hillemacher.

Virgile : *Œuvres choisies*, traduites et abrégées à l'usage de la jeunesse, par Th. Barrau. 1 vol. avec 50 gravures d'après P. Sellier.

PETITE BIBLIOTHÈQUE DE LA FAMILLE

FORMAT PETIT IN-12

A 2 FRANCS LE VOLUME

LA RELIURE EN PERCALINE GRIS PERLE, TRANCHES ROUGES,
SE PAYE EN SUS, 50 c.

Fleuriot (Mⁱˢ Z.) : *Tombée du nid.*
1 vol.

— *Raoul Daubry, chef de famille;*
2ᵉ édit. 1 vol.

— *L'héritier de Kerguignon;* 3ᵉ édit.
1 vol.

— *Réséda;* 6ᵉ édit. 1 vol.

— *Ces bons Rozelet* 1 vol.

— *La vie en famille;* 6ᵉ édit. 1 vol.

— *Le cœur et la tête.* 1 vol.

— *Au Galados.* 1 vol.

— *De trop.* 1 vol.

— *Le théâtre chez soi, comédies et
proverbes.* 1 vol.

— *Sans beauté.* 1 vol.

Fleuriot Kérinou : *De fil en
aiguille.* 1 vol.

Girardin (J.) : *Le locataire des
demoiselles Rocher.* 1 vol.

Girardin (J.) (suite) : *Les épreuves
d'Étienne.* 1 vol.

— *Les théories du docteur Wurtz.*
1 vol.

— *Miss Sans-Cœur;* 2ᵉ édit. 1 vol.

— *Les braves gens.* 1 vol.

Marcel (Mⁱˢ J.) : *Le Clos-Chante-
reine.* 1 vol.

Wiele (Mˢ Van de) : *Filleul du
roi* 1 vol.

Witt (Mˢ de), née Guizot : *Tout
simplement;* 2ᵉ édition. 1 vol.

— *Reine et maîtresse.* 1 vol.

— *Un héritage.* 1 vol.

— *Ceux qui nous aiment et ceux
que nous aimons.* 1 vol.

— *Sous tous les cieux.* 1 vol.

— *A travers pays.*

D'autres volumes sont en préparation.

20934 — Imprimeries réunies, A, rue Mignon, 2, Paris. — 11-89. — 100,000.

www.ingramcontent.com/pod-product-compliance
Lightning Source LLC
Chambersburg PA
CBHW070234200326
41518CB00010B/1564